AF364318

LA PUERTA DEL CAMINO

SALVADOR A. CARRIÓN

Título: La Puerta del Camino
Autor: Salvador A. Carrión

Copyright by Salvador A. Carrión

1ª Edición diciembre 2020 Vía Directa ediciones

Maquetación: Oriana Salas
Portada: Oriana Salas

Depósito legal: V-2889-2020
ISBN: 978-84-122893-1-2

LA PUERTA DEL CAMINO

SALVADOR A. CARRIÓN

ÍNDICE

INTRODUCCIÓN

> *"Hasta que te des cuenta de que únicamente está el Camino y tú solo en el mundo, no encontrarás reposo en esta vida."*

ay ocasiones en la vida en las que necesitamos la mano de alguien que nos aporte, aunque solo sea, una pequeña luz para mostrarnos que hay una salida. Esos momentos de reflexión en los que no sabemos qué dirección tomar, o esos lances en los que nos pone la vida en los que perdemos el interés, censurando todo y a todos.

Preguntas como: Y... ¿esto es todo? ¿qué sentido tiene mi vida o la vida? Nos conducen a cuestionarnos el mundo que nos rodea, la futilidad de este, y la irrealidad de la existencia física. Sin duda, tras estas consideraciones intuimos que hay algo que desconocemos, que se nos ocultan misterios que no nos han comunicado, que debe haber personas que conocen esos secretos. Todos esos juicios nos llevan, la mayoría de las veces, a deducir que tiene que existir una forma, un medio, un Camino, que tarde o temprano nos encami-nen a descubrir esas verdades eternas y ocultas.

En ocasiones me han preguntado alumnos, lectores y amigos que pretendían dar un paso más allá para desentrañar el misterio, o que aspiraban emprender la búsqueda de la Verdad, cómo hallar o dónde encontrar el Camino; mi respuesta la mayoría de las veces ha sido la misma: -- El Camino está ante tus ojos, pero no ves la Puerta que al franquearla te lo mostrará.

Este libro trata precisamente de eso, de señalarte la dirección, encaminarte hacia la Puerta; que cruces su umbral o no, es ya cosa tuya. Ahora bien, ten en cuenta el epigrama con el que inicié la introducción. Pero no peques de ignorancia al creer que ese "reposo" es solaz o cómodo, y, menos aún placentero, pues como reza un aforismo Sufí:

"Tal es el terror del Camino del Espíritu, que nadie debería embarcarse en este viaje a menos que sea capaz de vadear dos mil cataratas rugientes y escalar dos mil montañas que vomitan fuego. Un hombre que no esté preparado para semejantes pruebas terribles debería abstenerse de llamarse a sí mismo Buscador".

En ocasiones, para justificar que no se está dispuesto a hacer el esfuerzo, decimos que hemos comenzado demasiado tarde la búsqueda del Camino o que aún no es el momento. Piensa que no alcanzar la "plenitud" de la Verdad, es mejor que ni haber entrado en el Camino y en consecuencia pasar toda la vida dormido.

En el texto que tienes ahora en tus manos vas a encontrar, como si fuera un viaje, una ruta que te mostrará ciertos enigmas que tal vez nunca te hayas planteado. No pretendo en ningún caso desvelar sus incógnitas si no mostrar que existen realidades diferentes a las que estamos acostumbrados a experimentar, y que pueden encerrar los secretos de ese misterio. Se trata de un recorrido por hechos que nos rodean y que tienen un profundo significado, más allá de lo que nos han hecho creer los adoctrinadores que nos han "educado". Y fundamentalmente, facilitar un acceso a la respuesta a esas preguntas con las que iniciaba esta introducción.

La travesía la iniciaremos desde el lugar en el que nos encontramos, es decir, en el mismo momento en el que surge en nosotros el desasosiego, la incertidumbre, el desconcierto, e insatisfacción, por no saber para qué estamos aquí, al darnos cuenta de que no somos inmortales y, que todo lo que forjamos y conseguimos al final ¿para qué lo hacemos? si no nos lo vamos a llevar. Las siguientes paradas de la exploración nos aproximaran a que es posible conocer esas respuestas, que la vida tiene un sentido trascendente que aún desconocemos y que es posible conocerlo. Que ha habido y hay respuestas, y, por último, dónde y cómo encontrar esas repuestas.

"Un viaje de mil millas comienza con el primer paso."

La Necesidad de Búsqueda

I.
LA NECESIDAD
DE BÚSQUEDA

Vivimos tiempos convulsos, eso es algo evidente, muchos se sienten desconcertados porque no divisan el final del túnel, no comprenden qué está sucediendo y, menos aún a qué se debe. Las preguntas que a menudo surgen son, en la mayoría de las ocasiones, vagas o imprecisas. ¿Por qué está ocurriendo esto? ¿Qué mal hemos hecho? ¿Es un castigo de Dios? ¿Acaso es el inicio del fin? ¿Qué sentido tiene la vida?

Y esas no son todas, las cuestiones auténticamente importantes y trascendentales, en la mayoría de los casos ni las queremos oír, las negamos, silenciamos o ignoramos. Pero ahí siguen como un vocero sigiloso que nos repite: ¿Qué sentido tiene tu vida? ¿Para qué te levantas a trabajar cada mañana? ¿Acaso piensas que todo eso te lo llevarás contigo a la tumba? ¿Quién eres tú más allá de una imagen, una profesión, un estatus o una cuenta bancaria?

Estos cuestionamientos no son otra cosa que la llamada o la reivindicación de nuestro *ser interior*, de nuestra *esencia* que clama atención. Y no es que no está sucediendo nada en el plano físico y sensorial, si no que éste actúa como medio para reclamar una exigencia evolutiva, una inquietud mucho más profunda y trascendente.

Pero veamos como sucede y a qué se debe esta necesidad de encontrar las respuestas a tales desasosiegos. Todos nosotros sabemos que como parte del proceso de desarrollo humano, al igual que sucede en otros órdenes de la vida, el hombre[1] pasa por diferentes estadios de crecimiento en su constitución física, mental y, llamémosle, espiritual.

Estas etapas o periodos de vida podríamos clasificarlas como: prenatal, infancia, niñez, adolescencia, juventud, adultez o madurez, y senectud o ancianidad. Cada una de ellas suponen cambios en las estructuras tanto orgánicas como psíquicas o mentales (dejemos de momento al margen lo espiritual). Existen abundantes estudios sobre cada una de ellas y las alteraciones que conllevan; pero en este momento, me gustaría hacer hincapié en uno de esos ciclos por su especial relevancia y amplitud, y por lo trascendente que acontece en él. Este tiempo al que me remito puede abarcar parte de la juventud, pero fundamentalmente la adultez del sujeto. En lo sucesivo voy a referirme a esta fase como la "madurez del individuo". En él la persona siente que ha pasado la etapa de su juventud y que ha entrado en la madurez. En ocasiones, la sintomatología que se experimentan en

---

1 A lo largo del texto usaré la expresión hombre para referirme a la especie y no al género, evitando el lenguaje exclusivo. Cuando aluda a cada uno de los géneros empleare debidamente hombre y mujer.

estos años surgen como consecuencia de las propias experiencias de la vida, como el envejecimiento paulatino, menopausia, muerte de un ser querido, divorcio o el abandono de un familiar o amigo; por sí solas, pueden hacer que en el sujeto se inicie lo que se ha dado por llamar "crisis de los 40" o "crisis de la edad madura". Como dije anteriormente, ni todos los síntomas tienen que manifestarse simultánea e inevitablemente, ni el inicio se va a desencadenar precisamente a los 40, puede ser incluso antes de los 30 o extenderse más allá de los 50. ¿Y qué es lo que sucede en esa etapa? En el aspecto físico lo acabo de citar: sensación de envejecimiento –real o imaginada--, tal vez la aparición de ciertas somatizaciones como consecuencia de la ansiedad, estrés, insatisfacción, depresión, bloqueos, miedos, apatía generalizada, etc.; y en la mayoría de los casos, el pensamiento de inconformidad con el *statu quo* en el viven. No saben lo que les acontece, pero están al tanto de que algo en su fuero interno no está bien. Esta es época de divorcios, cambios de actividad, "trabajolismo", o cualquier otro vicio (alcohol, drogas, ludopatía, sexo, etc.) como un modo de silenciar sus propias inquietudes, desengaños e insatisfacciones. También es periodo de lo que llamo: "más de lo mismo, pero, más grande, más lujoso, más intenso, en mayor cantidad". Y todo ello sin percatarse que lo que les sobreviene, es que un su interior hay una voz, unas veces más audible que otras, pero que está ahí, le susurra al oído una y mil veces: ¿Qué sentido tiene tu vida? ¿Esto es todo? ¿Trabajar, criar y morir? ¿No hay nada más? ¿En esto consiste la vida?

El miedo a la muerte que nos han inculcado se hace cada día más patente llegando a convertirse en paranoia. En el momento actual es lo que usan los gobernantes --o los siniestros zares del hedonismo y poder financiero—para controlar a la población mundial. ¿Qué está sucediendo? ¿Cómo hemos llegado a esta crisis?

Los inteligentes y preparados se responden:—Seguro que hay algo más, algo que se me escapa o algo que no quiero ver. Sin embargo, la mayoria, pretenden enmudecer esa voz con cualquier actividad escapista creyendo que de ese modo conseguirán silenciarla, o se narcotizan con cualquier medio (drogas, programas basura de tv, alcohol, etc.). Tal vez caigan en una depresión sin sentido, sufran frecuentes ataques de ansiedad, o se enganchen, como decía, en cualquier dependencia psíquica o física. Unos vivirán insatisfechos y malhumorados, otros creyendo que lo que tienen es algún tipo de enfermedad y, serán parroquianos asiduos de todo tipo de terapias alternativas o alopáticas, psicólogos o psiquiatras, otros caerán en brazos de grupos más o menos sectarios pseudo religiosos, y muy pocos, los contestarios e inconformistas emprenderá el arduo camino de escudriñar en pos de una respuesta verdadera a su falta de sentido de vida, porque eso es lo que les pasa que *su vida ha perdido sentido.*

Hasta ese momento, durante toda su existencia, han creído que tenían que seguir las normas y términos de referencia que se les había inculcado: estudiar una carrera o especializarse en algo, casarse o tener una pareja, tener hijos o mascotas, divertirse todo lo que pudieran, viajar, tener un trabajo lo más estable posible o un negocio bien lucrativo, tener una vivienda o mejor dos, etc. etc. En fin, poseer todo aquello que la sociedad considera como alcanzar éxito en la vida.

Sin embargo, es Ley de Vida, y tarde o temprano, hemos de descubrir la realidad de nuestra existencia, el para qué hemos venido al planeta Tierra y, qué es lo que se espera que hagamos, ¿Qué es lo que hacemos aquí? ¿Qué sentido tiene nuestra vida, mi vida?

Hay muchas historias, cuentos, mitos y leyendas que ilustran nuestra situación, algunas tan antiguas que es muy difícil rastrear su origen. Así pues, lean con atención el siguiente relato que se titula *El cuento de las arenas.*

> Había una vez, un pequeño Río de montaña que contento y saltarín recorría su curso desde las cumbres de las lejanas montañas, recibiendo el agua de manantiales y otros pequeños afluentes.

Después de sortear toda clase de obstáculos y trazados, llegó hasta las arenas de un vasto desierto.

Del mismo modo que había salvado los trazados y barreras, el Río trató de atravesar esta otra, pero por más esfuerzo y empeño que ponía, se dio cuenta de que el agua desaparecía en las arenas tan pronto como entraba en estas.

Él estaba completamente seguro de que su destino era atravesar este desierto, sin embargo, por más que lo intentaba lo único que conseguía era estancarse más.

De pronto una sorprendente voz, que provenía del desierto mismo, le sugirió:

—Del mismo modo que el Viento cruza el desierto, así puedes hacerlo tú.

El Río respondió que él no podía volar como el Viento, y que si el Viento podía cruzar el desierto era precisamente porque podía volar.

La voz le volvió a hablar:

—Forzándote y arrojándote con vehemencia sobre las arenas como lo estás haciendo, nunca conseguirás atravesar. Desaparecerás, o te convertirás en un putrefacto pantano. Deja que el viento te conduzca hasta tu destino.

—Pero ¿cómo lo puedo hacer?, —repuso el río.

—Permitiendo que el Viento te absorba, —añadió la voz.

Esa idea no era aceptable para el Río. Él nunca se había dejado absorber. No quería perder lo que creía que era su identidad e individualidad. Porque, ¿una vez abandonada mi identidad, ¿cómo podré de nuevo recuperarla?

—El viento cumple esa función, eleva y transporta el agua sobre el desierto para volverla a dejar caer después, —repuso la voz.

—¿Cómo puedo saber que eso es cierto? —inquirió el Río.

—Si no aceptas este hecho, tu única salida es convertirte en un putrefacto pantano, y un pantano, no es precisamente un río»

—¿Pero no puedo seguir siendo el mismo río que ahora soy?, —preguntó nuevamente.

—Tú no puedes, en ningún caso, permanecer siendo lo que ahora eres. Tu parte Esencial debe ser transformada y formar un nuevo río. Tú crees que eres lo que eres, porque no sabes realmente qué parte de ti mismo es la Esencial.

Cuando el Río escuchó esto, ciertos recuerdos muy ocultos comenzaron a resonar en su mente. Vagamente, recordó un estado en el cual él, o algo en él, había sido alguna otra vez transportado por el Viento.

Recordó, o creyó recordar, que eso era lo que debía de hacer, que no había otra opción, por extraña o irreal que le pareciera. Entonces el Río se abandonó, y en ese mismo instante, calentado por los rayos del Sol, elevó sus vapores dejándose acoger en los brazos del Viento que, gentil y suavemente, lo levantó transportándolo lejos, muy lejos, dejándolo caer con la misma suavidad en las cimas de una alta montaña, a muchos kilómetros de distancia.

Sus dudas y lucha interna hasta dejarse evaporar le permitían ahora recordar y archivar con más firmeza todo lo sucedido y su experiencia. Se dijo satisfecho:

«Sí, ahora conozco mi verdadera identidad».

El Río estaba empezando a aprender, y así se preguntó de nuevo:

— ¿Y cómo es posible que las Arenas supieran todo esto?

De nuevo la voz le susurró:

—Nosotras lo conocemos porque vemos suceder esto día tras día, y porque nosotras las Arenas nos extendemos por todo el camino que existe desde las cumbres de las montañas hasta los valles y desiertos.

Así pues, el camino que el Río de la Vida ha de recorrer está escrito en las Arenas[2].

---

2 Texto tomado de la Tradición Sufi.

En la humanidad, según los Maestros de todos los tiempos, existen dos tipos de hombres, los *dormidos* y los *despiertos*. Jesús de Nazaret dijo (Lucas 21, 34-36) a sus discípulos:

> - «Tened cuidado de vosotros, no sea que se emboten vuestros corazones con juergas, borracheras y las inquietudes de la vida, y se os eche encima de repente aquel día; porque caerá como un lazo sobre todos los habitantes de la tierra. Estad, pues, despiertos en todo tiempo, pidiendo que podáis escapar de todo lo que está por suceder y manteneros en pie ante el Hijo del hombre».

También, el Profeta Muhammad dijo:

> [...] la misericordia (raḥma) que tiene Allāh, el altísimo, para... cuando nuestro cuerpo y espíritu estén plenamente despiertos.

Para mí, y sin pretensión de enmendar a tales profetas y preclaros sabios, Dios me libre, sitúo entre los dos tipos un intermedio al que llamo *semi despiertos*. Y no es que los mentores no los tengan en consideración, sino que, al ser una fase intermedia y no permanente, hablan de ellos como tránsito, no como estado. Pero dado que este libro va especialmente dirigido a quienes se está despabilando –los semi-despiertos–, he querido disponer de un calificativo específico para ellos.

Empecemos por explicar quiénes son los *dormidos*. Un *dormido* es un hombre o mujer –por supuesto–, que vive atrapado por los condicionamientos socioeconómicos, políticos, y culturales de la sociedad en la que nació, educaron y vive. Es un individuo adiestrado y amaestrado, obediente y sumiso, carente de libertad real, aunque en su sueño delirante se crea libre. Confinado en una prisión con "barrotes de oro", se le dirige absolutamente todo, alimentación –lo que engorda o no, los produce esta o aquella enfermedad, que dieta es la más sana, etc.-; educación –dónde, qué planes, eliminando o imponiendo materias, etc.-; pensamiento político (no voy a entrar en detalle en este tema); vestuario –que está de moda y que no, quienes marcan las tendencias–; orientación sexual –que está permitido, que lo que ahora está en boga, etc.-. Y esta dictadura encubierta no es estática, sino que varía según la conveniencia de los poderes efectivos que manejan y manipulan al rebaño de dormidos, para crearles le falsa ilusión de que las cosas cambian, que su posición social cambia, que tiene más opciones de todo lo imaginable, que cada vez más viven en una sociedad del placer y bienestar. Estas personas jamás se han planteado, ni se percatan, que caminan en la dirección marcada y programada por los gobiernos –parte oculto, parte visible-- que controlan el planeta; algo así como el ganado que es llevado a pastar al terreno que el dueño de la borregada le ha dicho al pastor que lo lleve. Pero el **mayor problema del *dormido* es creerse despierto**. Argumentan que su libertad de elección es total, que puede viajar dónde quiera, estudiar o formarse en la que le guste, adoptar una u otra forma de relación personal, de acogerse una religión u otra, e vivir aquí o allá o donde le apetezca. Sin embargo, dejan de un lado que todas sus aspiraciones son fruto de los condicionamientos, de las creencias inculcadas y de los valores trasmitidos, sin haber tenido la "libertad total" de escoger nada de ello deliberada y conscientemente. Es la constante paradoja del "huevo frito o tortilla", quieras lo que quieras vas a comer huevo.

El dormido por sí mismo nunca va a despertar, por la misma razón expuesta en el párrafo previo. Necesita una persona que lo sacuda y lo saque de su mundo onírico, o bien, que la vida le dé una patada, un acontecimiento súbito de extrema intensidad que le provoque una conmoción que le haga despertar, o un cúmulo de experiencias en esa misma dirección. Es por este motivo, por lo que decía al principio que la "crisis de los 40" o "crisis de la edad madura" no se ciñen estrictamente a esas edades sino qué se puede dar en cualquier otra etapa de la vida; aunque es más frecuente en esa faja.

La naturaleza de hombre ha sido creada para que se vaya desarrollando progresiva y armónicamente. No todos los aspectos del individuo crecen y se desenvuelven al mismo tiempo. Para que un nivel superior pueda progresar y madurar necesita unos cimientos sólidos en el nivel inferior.

Si partimos del supuesto, sobre la base de las más preclaras y versadas filosofías tradicionales, así como de los fundamentos de las religiones monoteístas, de que la persona está constituida por tres cualidades básicas: *cuerpo* –aspecto físico u orgánico--, *alma* --atributo psíquico, mental, emocional— y, *espíritu* --entidad esencial, *propium*, sí mismo real--; pues bien, cada uno de tales aspectos del ser tiene un período y un tiempo para forjarse adecuadamente.

Esas particularidades referidas están dirigidas sabiamente por el "Hálito Creador" para que el ser humano alcance su máxima expresión –o su destino en la tierra–. Así pues, hay un proceso que se lleva a cabo de forma natural y que corresponde a la estructura y desarrollo del cuerpo, esto se lleva a efecto entre los tres y los nueve años. El siguiente requiere un esfuerzo y acto de voluntad que corresponde al alma, a los procesos mentales, a la capacitación de las facultades propias de la mente, etapa que debería concluir alrededor de los veintitantos. Y el tercero que requiere de un salto cuántico, de un brinco al vacío, de un acto de fe, de reconocimiento de la inexistencia de lo que creemos existente e importante, de romper con los viejos moldes y términos de referencia y estar dispuesto a dejar que le crezcan las alas aunque al principio duela.

Esta última fase es en la que se encuentra integrada la "crisis de la edad madura". Ese es el momento de hacernos, queramos o no, la preguntas claves de nuestra vida. No son dilemas del tipo qué coche o yate me voy a comprar, o en qué barrio voy a vivir, o cómo de lujosa será la casa a la que me quiero trasladar, no, esos serían cuestionamientos que nos mantendrían atrapados en la fase anterior. Estamos hablando de interrogantes que brotan del interior, de las profundidades de nuestra *esencia* que quiere despertar. En ocasiones incluso sin pretenderlo afloran los interrogantes: ¿Cuál es el sentido de la vida? ¿Cuál es el sentido de mi vida? ¿Y después qué? ¿Todo se acaba? ¿O acaso existe algo más...? ¿Y si es que existe, cómo encontrarlo? ¿Quién lo sabe?

Puede ser que ahí acabe todo, que enmudezcamos esa voz íntima y la hagamos callar con respuestas del tipo: <<La vida es para vivirla y disfrutar, pues no hay nada más>>. <<Ahora no tengo tiempo de ocuparme de esas cosas, más adelante cuando me jubile tendré días enteros para reflexionar en ello>>. -<<Eso son cosas para filósofos o meapilas>>. Pero, sin embargo, al poco, vuelve esa misteriosa e introspectiva voz a susurrarnos al oído las mismas preguntas, una y otra vez.

Es el momento de *despertar* de explorar que debe de haber algo más, que queremos conocer nuestro origen y nuestro destino, que necesitamos saber qué sentido tiene nuestra vida, para qué estamos aquí, en qué nos diferenciamos de los animales, que no es posible que todo acabe con la muerte física, que no es posible que tantos santos, místicos, profetas, filósofos, poetas e incluso científicos estén equivocados. No, no es posible.

Sobre la base de todo lo referido anteriormente podría decirse lo siguiente:

La humanidad en general vive en el exterior de círculo (véase el dibujo). Ese es el mundo externo el plano físico tutelado por los cinco sentidos externos, y regido por los condicionamientos impuestos desde la niñez, con valores materialistas y hedonistas, y, controlado por las élites económicas que gobiernan (en la oscuridad) la sociedad Es el universo del *dormido*, de todas las personas que solo viven para comer, trabajar, poseer y disfrutar. Son gente que cree que son eternos, que la muerte y el Más Allá no va con ellos, o que aquí se acaba todo. Personas que no quieren reflexionar sobre el *sentido de su vida*, y que se mantienen drogados engullendo lo que les inyectan los medios de comunicación esclavos de pérfidas multinacionales. Cuando uno de estos individuos *dormidos,* sufre una sacudida (shock, crisis profunda, pérdida importante, trauma, etc.) que le hace reaccionar, comienza a cuestionarse el motivo de su existencia, de la vida, y entra en una fase de sueño-vela, de semidespierto. En ese momento tiene dos opciones: darse la vuelta y seguir durmiendo, o levantarse, desperezarse, lavarse la cara y buscar. Normalmente no sabe qué buscar, ni dónde, pero sabe que la vida no es ese montón de patrañas que le han contado y que lo han condicionado hasta el momento. Entonces y solo entonces comienza su búsqueda.

Pero... ¿Qué buscar? Y si no sé qué buscar, ¿dónde voy a buscar? Ese es el primer y gran dilema con el que se enfrenta el hombre que acaba de despertar, que ahora llamaremos "buscador". Pero ¿qué es la "búsqueda"?

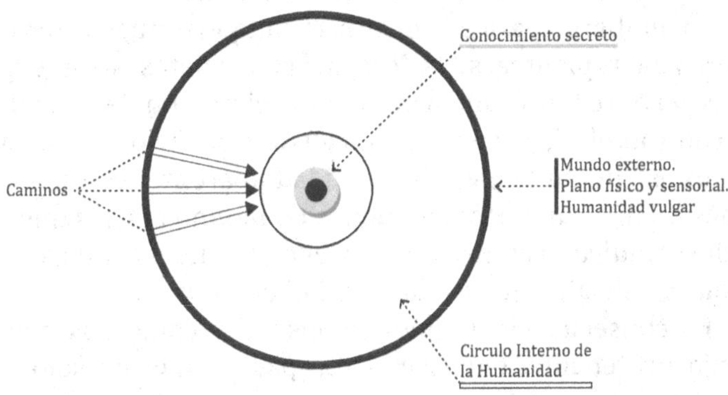

Como acabo de explicar, podemos decir que es un término impreciso que trata de definir un estado interior que va desde el desasosiego a la nostalgia, desde la necesidad de plenitud a la angustia por encontrar respuestas, desde un íntimo e inexpresable deseo de paz y justicia a la sensación de estar desubicado.

Añádase a esto una inquietud trascendente y una religiosidad íntima difícil de precisar. Y sin embargo, este estado interior que mueve hacia esa "búsqueda" es compartido por millones de personas en el mundo.

Sus señas comunes de identidad son las de no resignarse con la "uniformidad" de creencias y reglas que proponen las religiones establecidas, por un lado, y por el otro, el de no conformarse tampoco con el simplista planteamiento del positivismo científico que proclama el origen físico de la vida, que somos materia y volvemos a la materia y, además, todo ello como producto del azar. Solo algunas personas son capaces de reconocer esta demanda de *búsqueda* y dedican su vida a ella y en otras, su inquietud queda sepultada bajo la necesidad de atender a las exigencias de la vida.

Pero estos *buscadores* ¿qué buscan? ¿La verdad? ¿Dar respuesta a las clásicas preguntas existenciales? ¿A Dios? ¿O sencillamente nada más ni da menos que la suma de todo?

Sin embargo para ello es preciso adquirir nuevos términos de referencia, replantearse las creencias obsoletas, abrirse a nuevas ideas, y sobre todo comenzar a mirar el mundo de ahí, tal y como es, con toda la falsedad que encierra y lo vacío e insatisfactorio que es. En definitiva, ver la "realidad aparente" con nuevos ojos, o más bien, dejar de tragar ruedas de molino con las que nos han hecho comulgar y comenzar a aprender de nuevo, y darnos cuenta de que existe algo que es "la realidad objetiva".

En consecuencia, si pudiéramos, tal y como nos muestra en dibujo precedente, empezar a recapacitar que no solo existe el mundo superficial (que consideramos como real), si no que hay otro escenario más profundo que es el del "Círculo Interno de la Humanidad", donde rigen otras leyes y se maneja con otros principios con valores superiores. Y que dentro de éste existe una "Asamblea selecta de Hombres Puros" encargados de velar los secretos de la creación, de su por qué y para qué, del destino de hombre, y de los medios para conocer tales respuestas.

En las páginas que siguen voy a tratar de exponer algunos argumentos para que el lector pueda disponer de otros términos de referencia, y de ese modo aproximarlo a esa realidad más allá del sueño en que se vive.

La Sabiduría Oculta

II.
LA SABIDURÍA OCULTA

La belleza nos rodea, pero normalmente necesitamos andar en un jardín para saberlo.
MEWLANA JALALUDIN RUMI

esde la más remota antigüedad, en todos los pueblos y culturas, existe la idea de que hay un conocimiento secreto más allá del que el común de los mortales maneja y que se encuentra escondido, aunque de algún modo se puede alcanzar. Se intuye o se sospecha, que tal sigilo encierra en sus elucidarios los significados de la vida, del origen, el destino final del hombre y los medios, técnicas y herramientas para alcanzar todo ello. Es como si supiéramos que algo misterioso se esconde en anagramas arcanos, lugares sagrados, sociedades ocultistas o textos mágicos, que tienen las respuestas a los planteamientos esenciales sobre la vida, el Más Allá, nuestra causa primera y nuestra meta final, pero a los que tan sólo unos pocos escogidos tienen acceso. La gente con cierta inquietud, como no saben lo que buscan ni tampoco cómo ni dónde buscar, caen en la simpleza; y alegremente se encandilan con hechizos populares o seudomagias, amuletos, sortilegios, y cualquier producto "esotérico" que les ofrezcan con la esperanza de encontrar ese enigma o al menos saciar su ansia de búsqueda, creyendo que ya han descubierto la solución.

Ese conocimiento oculto o gnosis[3], también llamado otras veces "Tradición Esotérica", "Arcanos", *Tradición Perenne*", "Misterios de la Antigüedad", o simplemente *Tradición*, ha venido siendo registrado y trasmitido en leyendas, mitos, inscripciones, incluso arquitectura y arte simbólico, por los pobladores de los cinco continentes como forma de perpetuar y garantizar su permanencia y transmisión.

Las fábulas antiguas hablan de que, a partir de un remoto momento, cierto *"elemento"* de gran valor para la humanidad quedó oculto o escondido, del cual solo tienen noción determinados iniciados, y que los demás hombres solamente tendrían acceso tras una ardua búsqueda. Esto se ha venido repitiendo periódicamente a lo largo de la historia pretérita y reciente.

Hace mucho tiempo, tanto que se pierde en la memoria de los tiempos, Khidr[4], el Maestro eterno, lanzó a los hombres una advertencia: "Dentro de cierto tiempo, todas las aguas del mundo

---

3 Definición RR.AA. Gnosis: Ciencia superior a los conocimientos vulgares, el saber por excelencia. Filosofía suprema que contiene todos los conocimientos sagrados, y cuyo secreto poseían los magos.
4 Al-Khidr, fue un personaje legendario islámico de la mística sufí. Su referencia se encuentra en el Corán como un enviado de Dios.

que no hayan sido especialmente guardadas desaparecerán, y en su lugar surgirán nuevas aguas, que enloquecerán a los hombres".

Tan solo un hombre escuchó la exhortación. Recogió agua en un gran recipiente, y lo almacenó en un lugar seguro, y esperó a que las aguas fueran cambiadas. El día fijado las fuentes dejaron de manar, los ríos de fluir, los manantiales y pozos se secaron, y el hombre que tenía el agua guardada, viendo lo que estaba ocurriendo, se fue a su refugio y bebió del agua guardada.

En poco tiempo, observó desde su refugio seguro, que las aguas comenzaban de nuevo a fluir y manar, así que salió y fue a mezclarse con el resto de los hombres. Sin embargo, comprobó que la gente pensaba y hablaba de forma diferente de la anterior. Incluso ni siquiera teniendo recuerdo de lo que había pasado con el agua y menos aún de las admoniciones de Khidr. Cuando trató de explicarles, se dio cuenta que la gente lo trataba como si estuviese loco, mostrando rechazo o benevolencia, en lugar de atención y comprensión.

Al principio se mantuvo firme y solo bebía de su agua guardada, pero, finalmente, tomó la decisión de ingerir del agua renovada puesto que no soportaba la idea del aislamiento y la marginación, comportándose y pensando de modo diferente a los demás. Entonces, como el resto de sus congéneres bebió el agua de ellos, olvidado para siempre su agua guardada; y sus conciudadanos comenzaron a tratarlo comprensivamente, como a un loco que milagrosamente se había curado.

Así, los hindúes desde épocas inmemoriales[5] hablan del *Soma*[6] como ese componente velado; los persas del *Haoma*[7], y más recientemente desde la Edad Media se hablaba de la "Palabra Perdida"[8],

---

5 Entre 4.000 y 1.500 a.C.

6 Véase: *Los Vedas*, Vyasa Bhagavan, Ediciones Ibéricas.

7 El término *haoma*, equivale al hindú *soma*. En ambas culturas, irania e hindú, este concepto tiene diferentes acepciones todas ellas relacionadas con el "conocimiento superior", Así pues, es aplicado a "bebida de la inmortalidad", "divinidad", "conocimiento esotérico", entre otros.

8 La idea de la Palabra Perdida existe como un antiguo secreto arraigado desde siempre en las religiones actuales y en los ritos de ciertas sociedades secretas. La explicación teológica o, la leyenda del Santo Grial como exponentes del esfuerzo y sacrificio para alcanzar el secreto. En el siglo pasado surgen personajes como Nikolái y Helena Roerich, Edgar Cayce, Helena Petrovna Blavatsky, o Rudolf Steiner, entre muchísimos otros que se esforzaron por encontrar los míticos reinos perdidos de Shambalá, Lemuria, Mu, o los monasterios secretos en la cordillera del Himalaya, donde según creían era los lugares en los que permanecían preservados la sabiduría milenaria y las claves arcanas.

Sin embargo, probablemente lo que llamamos conocimiento secreto o esotérico que derivó más tarde en religiones y en las sociedades herméticas, no sea más que el rescoldo de difícil comprensión, y aun menos utilizable adecuadamente, de un saber atávico no sólo de naturaleza mística sino técnica al mismo tiempo, que se aplica simultáneamente a la materia y al espíritu.

Parece que existen ciertos relatos en los que se transmiten de forma alusiva o encriptada tales "secretos", y que no serían leyendas, cuentos orientales[9], ni juegos, sino fórmulas precisas, anagramas codificados capaces de abrir las poderosas capacidades que en potencia existen en el hombre y en general en toda la creación. Otro tanto sucedería con ciertos rituales[10] que se conservan en comunidades apartadas y que reproducirían determinados aspectos de esa misma gnosis. Pero, no hay que confundir el continente con el contenido; *el color de la botella no es el color del vino.*

---

de esta doctrina es muy oscura y se remonta a las primeras creencias del hombre. Véanse: *Philosophica malacitana*, Vol.IV, Málaga 1991.*La Palabra y las Realidades Espirituales*, Ferdinard Ebner, Caparrós ediciones. *Las sublimes enseñanzas de la antigua masonería críptica.* D. Molina García, Logia Concordia, Xalapa, Veracruz, Mexico. *La Palabra Perdida y Nombres Sustitutivos*, René Guénon, Revista "Etudes Traditionnelles", 1948. *La Palabra Perdida*, Ricardo de la Cierva, editorial Fenix.

9 Para más información al respecto le remito a los libros de Idries Shah, *Cuentos de los derviches y Pensadores de oriente*, entre muchos otros.

10 El *sama* o giro derviche y su popularización como danza, es uno de los muchos casos de la degradación de los rituales a los que me refiero líneas más arriba, los amuletos como la popular "mano de Fátima", es otro, incluso ciertas repeticiones rítmicas con fines seudo-terapéuticos, pueden producir más perjuicio que beneficio.

Aunque lo considero innecesario, conviene recordar que ciencia y técnica no son la misma cosa. La técnica implica realización, un hacer, se centra en lo práctico, en la experimentación directa; mientras que, la ciencia demuestra (en la mayoría de los casos teóricamente e hipótesis) que es lo posible y lo imposible de hacer, sin llevar a la práctica en la mayoría de los temas de aquello que exponen. Contrariamente a lo que se podría pensar, la técnica, en muchos asuntos, no sigue a la ciencia, sino que la precede.

El hombre aprendió primeramente a hacer fuego, y siglos después, la ciencia demostró el porqué anden determinados materiales y otros no. Es innecesario conocer las leyes de la gravedad para saber que si nos caemos desde un sexto piso nos aplastaremos. Una vez que la técnica sobrepasa las barreras de la imposibilidad "científica", estas se derrumban. Quién le iba a decir a John J. Montgomery aquel 28 de agosto de 1883, cuando realizo el primer vuelo controlado con una máquina más pesada que el aire, un planeador, cuando las leyes (teóricas) de la aerodinámica del momento decían que jamás se elevaría de la tierra.

No pretendo, obviamente, afirmar que la ciencia sea fútil, sino todo lo contrario, pero cada cosa en su sitio. Ya veremos el valor que asignamos a la ciencia y como ciertos científicos en la actualidad se han desligado del academicismo especulativo, haciendo que ésta cambie de rostro. Lo que afirmo, es que las técnicas bien pudieron preceder, en un pasado lejano a la aparición de la ciencia; o más bien, que la ciencia era cuestión de "dioses", y la técnica de los elegidos para alcanzar de un modo u otro los poderes de aquellos todopoderosos seres.

¿Por qué entonces se transformó en secreto el conocimiento de las técnicas, prácticas o ejercicios especiales?

Tal vez, en algún momento posterior a su aprendizaje, ciertas habilidades adquiridas hubiesen dado a los hombres vulgares poderes demasiado peligrosos para seguir siendo popularizadas. En consecuencia, la necesidad del secreto podría obedecer a dos razones: una, la prudencia. "El que sabe no habla". "No deis de comer perlas a los cerdos". La segunda, es el hecho de que la posesión y el manejo de tales técnicas y conocimientos exige del hombre estructuras mentales especiales y diferentes del estado de conciencia ordinaria. Ese estado implica, un desarrollo de la inteligencia y del lenguaje totalmente analógico o relativo a otra dimensión, de tal modo que no resulta transmisible en el nivel comprensivo del hombre ordinario sino a través del lenguaje figurativo, cifrado o metafórico; y sobre todo, una pureza de intención donde no cabe el menos atisbo de egoísmo. De ese modo es como *"El secreto se protege a sí mismo"*.

Lo que acabo de exponer se presenta de igual modo en las sociedades actuales en el plano puramente material y especulativo, o si no, ¿qué es lo que hacen las grandes industrias multinacionales cuando descubren algún adelanto que les supone una ventaja competitiva? ¿Qué sucede cuando localizan algún proceso que podría suponer un lucro sustancial para ellas? El vertiginoso desarrollo de la técnica hoy en día, impone a los que controlan la economía la necesidad guardar sus avances o innovaciones en secreto. Para esos grupos es imprescindible que tal información se oculte para controlarlo y dosificarlo y de ese modo se constituyen "consejos de expertos" o "sistemas de control" para fiscalizar la situación, el lenguaje del saber y del poder derivado se hace inexpresable, y sus miembros pasan a formar lo que podríamos llamar una criptocracia.

Y yo me pregunto, ¿en qué se diferencia este proceder del que utilizaron y utilizan los "Custodios del Secreto" quienes asumieron la responsabilidad de conservar intactos los conocimientos superiores, esa ciencia que dotaría al hombre de un poder insospechado? Y si no hay diferencia entre el aparente modo de proceder en presente y el pasado, ¿cómo todavía hay quienes duden que puedan existir elementos secretos de la antigüedad?

Así pues, no creamos que ese "elemento" pudiera ser únicamente de naturaleza espiritual o trascendente, existen suficientes evidencias para considerar que también se trata de un conocimiento de ciertos métodos, artilugios, utensilios, que está más allá de la ciencia y comprensión actual, y que existen ciertas personas (*entidades*) que enseñan y adiestran en sus usos.

Misterios sin Resolver

III.
MISTERIOS SIN RESOLVER

odos y cada uno de nosotros hemos tenido contacto, alguna vez en la vida, con relatos y narraciones que hablaban sobre la existencia de tesoros escondidos, palacios encantados, alfombras voladoras, sorprendentes construcciones, bastones mágicos, extrañas pócimas, sabios, magos y genios que otorgan a los mortales poderes sobrenaturales, e incluso, de insólitos artilugios para desplazarse. Y si por casualidad tales historias no llegaron a nuestras manos, al menos, a mucha gente, les gustaría creer en ellas. La existencia de inteligencias sobrehumanas o poderes sobrenaturales nos proporcionaría un confortable sentido del significado y propósito de la vida.

En alguna ocasión, es natural que nos hayamos sentido sorprendidos y anonadados ante la magnificencia de las obras ciclópeas, repartidas por toda la geografía planetaria, sin encontrar respuesta al cómo, al quién o al para qué. Por otra parte, también encontramos múltiples relatos que revelan con todo lujo de detalles la existencia de reinos misteriosos y velados para el común de los mortales. Casi podríamos decir que se trata de una geografía sagrada de aquellos lugares en los que supuestamente residieron los "Custodios del Secreto" o "Maestros Supremos de tales Artes". Pero... ¿Realmente existen esos lugares y esos hombres? Referencias escritas encontramos por doquier. Probablemente, la cita más antigua (alrededor de 2500 años), que se refiere a esa región especial, es la registrada en las tablillas de escritura cuneiforme sumeria procedente de Mesopotamia arranque de las civilizaciones, en ellas habla de E.DIN, cuyo significado vendría a ser: "Hogar de los Justos". Para los sumerios era este el término que utilizaban para referirse a las ciudades monasterio en las que residían los *Anunnakis* ("Aquellos que del Cielo a la Tierra vinieron"). Posteriormente el término E.DIN aparece en los primeros escritos bíblicos judeocristianos como EDEN, haciendo referencia al lugar privilegiado en el que Dios colocó al primer hombre[11] (Génesis, 2, 8).

---

[11] Y Jehová Dios plantó un huerto en Edén, al oriente; y puso allí al hombre que había formado. Y Jehová Dios hizo nacer de la tierra todo árbol delicioso a la vista, y bueno para comer; también el árbol de vida en medio del huerto, y el árbol de la ciencia del bien y del mal. Y salía de Edén un río para regar el huerto, y de allí se repartía en cuatro brazos. El nombre del uno era Pisón; éste es el que rodea toda la tierra de Havila, donde hay oro; y el oro de aquella tierra es bueno; hay allí también bedelio y ónice. El nombre del segundo río es Gihón; éste es el que rodea toda la tierra de Cus. Y el nombre del tercer río es Hidekel; éste es el que va al oriente de Asiria. Y el cuarto río es el Éufrates. Tomó, pues, Jehová Dios al hombre, y lo puso en el huerto de Edén, para que lo labrara y lo guardase. Y mandó Jehová Dios al hombre, diciendo: De todo árbol del huerto podrás comer; mas del árbol de la ciencia del bien y del mal no comerás; porque el día que de él comieres, ciertamente morirás. Génesis, 2, 8

No es EDEN el único termino que encontramos en la remota antigüedad, existe otro que vincula de igual forma con esos lugares especiales o enclaves secretos. Aunque este segundo sea posterior, es el de Paraíso (en español) proveniente del persa o de la lengua avéstica *Pairi-daeza*, que literalmente alude a un "jardín rodeado de árboles y repleto de fieras". Es posible que este último término derive de otro mucho más antiguo del sánscrito *Paradesha*, o del caldeo *Pardes,* relativos a "Región Suprema". De *Paradesha,* surgen los vocablos se fueron forjando en nuestra cultura arcaica y que desembocaron en el término latino *Paradisus* y actual Paraíso. Este territorio para las distintas religiones se identificaba con el Centro Espiritual: el *Meru* de los hindúes, la *Arcadia* de los griegos, Centro Inmutable, Isla de los Inmortales, punto de comunicación entre Cielo y Tierra, Corazón del Mundo, Eje del Mundo, Origen de toda Tradición, el *Sid* de los druidas, el *Kuen Luen* chino, *Brama-Loka* de los budistas, el *Qaf* de los musulmanes, o el Jardín del Edén de los cristianos.

Tal vez esas descripciones de los lugares de carácter místico-religioso puedan parecer un tanto fantásticas, y, por lo tanto, poner en duda su realidad histórica aun habiendo perdurado hasta la actualidad. Los relatos que describen tales zonas extraordinarias se basan en la cosmología de la civilización respectiva, y, bien es sabido que cualquier cosmogonía "no es objetiva"[12], ya que se sustenta en la fe, o más bien diría, en mitos.

Pero nos podemos preguntar, ¿de dónde surgen los mitos? ¿No son acaso testimonio en clave de la historia relatada de forma comprensible para el pueblo llano? De igual modo que aquellos que dudan de la realidad de los mitos, no cabría cuestionarles también, si es un mito el Imperio Romano o la Guerra de los Cien Años. La referencia que comúnmente se sigue para diferenciar

---

12 Ninguna cosmología puede sustentarse sobre hechos objetivos. Aunque hay reconsiderar, que lo que nosotros llamamos objetivo está valorado desde nuestra cultura y limitado conocimiento

mito de historia son los hallazgos arqueológicos que atestigüen o nieguen la existencia de los hechos relatados, o las crónicas de testigos reconocidos de la época. Y aunque existen demasiadas evidencias que confirman la realidad de tales lugares, porque, *no hay más ciego que el que no quiere ver.*

En consecuencia, no todas las reseñas a lugares donde se presupone que en tiempo existiera un núcleo de sabiduría (o "centro de poder"), son de carácter especulativo, existen innumerables yacimientos arqueológicos que ni los más reaccionarios especialistas se han atrevido a datar ni catalogar, y menos aún, definir su función o su utilidad. Ruinas como las de Uruk, repleta de centros de culto, enclave fundado en el 3500 a.C., en Irak; Tiahuanacu, Saksaihuaman, Macchu-Picchu, en Perú; Teotihuacán en México, las grandes pirámides de Egipto, entre muchos otros, son pruebas incontestables de que un dominio técnico superior existió en épocas muy anteriores al desarrollo cultural aceptado por la ciencia oficial.

Platón, padre del pensamiento occidental, nos narra en sus *Diálogos* con pormenorizado detalle la existencia de un continente, la Atlántida, con una civilización superior y previa a la nuestra que existió unos 9.000 años antes de que escribiera el texto:

> *"Había una isla delante de este lugar que llamáis vosotros... las Columnas de Hércules. Esta isla era mayor que Libia y Asia unidas. Y los viajeros de aquellos tiempos podían pasar de esta isla a las demás islas y desde estas islas podían ganar todo el continente, en la costa opuesta de este mar que merecía realmente su nombre. [...] Ahora bien: en esta isla Atlántida, unos reyes habían formado un imperio grande y maravilloso..."* [13]

---

13 Texto tomado *del Timeo, Diálogos*, Trad. Francisco Lisi, Gredos Biblioteca Clasica, 2002, Madrid.

El autor insistía que, *"no era ficción sino verdadera historia"*.[14] Ciertamente Platón no se caracterizó precisamente por ser un fabulador, sino todo lo contrario, así que los eruditos, aunque sea a regañadientes, coinciden que inequívocamente tuvo que sacar la historia de alguna fuente lo suficientemente fiable como para plasmar tal información en sus diálogos. Así que el sacerdote egipcio que habló con Solón (630-560 a.C.) hubo de existir sin duda, da igual que fuese anterior o coetáneo de él, y lo que le trasmitiera debiera haber tenido argumentos y referencias tan sólidos que no albergasen ninguna duda de su veracidad.

Hay otro escrito adjudicado a la Escuela Peripatética[15], titulado: "Sobre cosas maravillosas que se han oído"; que también nos cita la existencia de un territorio en ultramar:

> [...]... *delante de las Columnas de Hércules, descubrieron los cartagineses una isla no identificada, a muchos días de navegación desde la costa, en la que hay toda clase de árboles y ríos navegables, y una maravillosa variedad de otros recursos.*

Pero no creamos que las únicas alusiones a culturas desarrolladas anteriores a la nuestra[16] solo se encuentran en los escritos griegos. Las tablillas de arcilla sumerias, acadias, y babilónicas que narran la *Epopeya de Gilgamesh*[17], y la de *La Creación*, nos hablan con detalle de los *Anunnakis*, "dioses" o sabios provenientes de las estrellas que trajeron la civilización a la Tierra, y que en tiempos muy antiguos había levantado a una sociedad grande, próspera y poderosa.

---

14 Ibíd.

15 La escuela peripatética fue un círculo filosófico de la Grecia antigua. seguía las enseñanzas de Aristóteles, su fundador. Sus seguidores recibían el nombre de peripatéticos.

16 Considerando el inicio de la civilización presente alrededor del 3.000 a.C.

17 Fechado en torno al 2 milenio a.C:

En época mucho más reciente encontramos nuevas menciones a territorios sagrados candidatos a ser reinos perdidos o centros de poder[18]: *Shangrilá* y *Agartha*, nombre dado a *"La Habitación de Henoch y Tierra de los Santos"*[19]. Lugares misteriosos enclavados en el corazón del Himalaya, como ya indiqué anteriormente, donde según se cuenta es la residencia de los Grandes Maestros --Mahatmas-- que custodian y vigilan la evolución de la humanidad. Estas referencias las encontramos en los escritos de Madame Blavatsky[20], Gurdjieff[21], O.M. Burke[22], Louis Pauwels[23], John G. Bennett[24], quienes citan la existencia de cierto enclave geográfico, aunque sin precisar un topónimo especifico, pero según todos ellos se encuentra ubicado en Asia Central, donde residen los custodios de ese conocimiento heredado desde tiempos antediluvianos.

Ya sé que no resulta cómodo, o "progre", dar crédito a tales testimonios, y, por tanto, la mayoría de la gente harán oídos sordos a mis argumentos como si todo esto fueran fábulas infantiles. Pero lo que realmente ocurre, es que la mayoría de las personas se niegan a cuestionarse lo que han tragado como "ruedas de molino", o tratan de justificar su incapacidad para resolver tales dilemas con su lógica cuadriculada y, en consecuencia, se engañan a sí mismos convenciéndose de que esos relatos son pura fantasía o delirios de un paranoico.

---

18 Véanse los libros: *Misión de la India*, de Saint-Yves d'Alveydre; *Bestias, hombres y "dioses"*, de M.F. Ossendowski, y los relatos de Nicolás Roerich, entre otros.

19 En palabras de San Agustín, refiriéndose al depósito de la tradición que no es afectado por el mundo exterior, y que se encuentra más allá de las leyes terrestres del tiempo y espacio.

20 Helena Blavatsky, de origen ruso nació en Yekaterinoslav, 12 de agosto de 1831 y murió en Londres, 8 de mayo de 1891, fue una escritora, ocultista y teósofa. Fue una de las fundadoras de la Sociedad Teosófica y contribuyó a la difusión de la teosofía. Sus libros más importantes son "Isis sin velo" y "La Doctrina Secreta", escritos en 1875 y 1888.

21 *Encuentros con hombres notables*, G.I. Gurdjieff, Sirio, 2000, Málaga.

22 *Among the dervishes*, Omar Michel Burke, Octogon Press.London, 1973

23 *El retorno de los brujos*, L. Pauwels y Jacques Bergier, Plaza & Janés, 1998

24 *Gourdjieff: Haciendo un mundo nuevo*, John G. Bennett, Sirio,1986, Málaga

A pesar de todo, resulta bastante sencillo descubrir las huellas un *conocimiento oculto* en la historia, la arqueología y especialmente en todas las religiones del mundo. Precisamente, en estas últimas basta con mirar un poco más allá del ritual externo para descubrir que, de un modo más o menos subyacente, existen simbolismos, mensajes, geometría, esculturas, pinturas, códices, etc., de los que surgen incógnitas que nos hacen sospechar que tras lo evidente hay algo impenetrable para la gente vulgar.

Pero no solo encontramos esas claves en las religiones, también las descubrimos tanto en filósofos y místicos clásicos como en investigadores modernos. Me estoy refiriendo a aquellos elementos que nos hacen reflexionar sobre las capacidades inexploradas del hombre, y que comienzan a prestárseles atención cuando salen a la luz técnicas asombrosas y sencillas para incrementar la potencialidad de la mente[25]. Aldus Hasley, Stanislav Grog, John Grinder y Richard Bandler, Milton Erickson, etc., han llegado a penetrar profundamente en los estados alterados de la conciencia consiguiendo modificaciones en las estructuras de pensamiento, que hasta hace muy pocos años eran impensables, o patrimonio de unos pocos "santos". ¿No podría ser ese *conocimiento oculto* la habilidad para sacar a la luz aquello que está dormido en nosotros? ¿No podría ser ese *conocimiento secreto* el código con el que opera la mente?

En *Meno*, Platón, en boca de Sócrates plantea su epistemología logrando que un esclavo inculto resolviera un problema geométrico con el simple método de hacerle preguntas para que él mismo fuese descubriendo la respuesta. Concluyendo así que el cautivo ya poseía la respuesta antes de ser consciente de conocerla[26]. Supongamos por un momento, y es una simple hipótesis,

---

25 Véase: *PNL para principiantes*, y, *El sentido común con PNL*, Salvador A. Carrión, Oceano-Ambar, 2000, Barcelona. *Curso de practitioner en PNL*, mismo autor, Obelico, 1997, Barcelona, y demás libros del autor que aparecerán reflejados en otras muchas notas. *De sapos a príncipes*, y, *Estructura de la magia*, R. Bandler y J. Grinder, Cuatro Vientos, 1975, Santiago de Chile.

26 Hoy en día esta metodología conocida como Meta Modelo de lenguaje se enseña en los cursos de formación de PNL (Programación neurolingüística).

que, como Sócrates, existieron y existen hombres (y mujeres) que son capaces de conocer e identificar las leyes que gobiernan, no ya solo los procesos mentales sino el orden general del Universo y las energías inteligentes que en él actúan. Si eso fuera así, sabiendo cómo es la naturaleza humana, esos *conocedores*, serían lo suficientemente cautos como para preservarlo de aquellos que solo piensan el poder dominador y la riqueza, pues en sus manos, o en las de cualquier ignorante o depravado, ese conocimiento sería el arma más inhumana de toda la creación. Supongamos también, que el "eslabón perdido" (que más que perdido podría no haber existido), no es otro que la inoculación en el *homo neardertalis*, de la conciencia (como un programa operativo) por parte de aquellos "dioses" o sabios de los que nos habla la *Epopeya de Gilgamesh*, y que aún hoy pueden existir ciertos superhombres que conocen el sistema base de los mecanismos mentales. Si esto fuese así, y no ciencia ficción como parece, quienes dominan el sistema operativo, dominan todos los procesos derivados.

La suposición precedente no es espuria, siendo como somos un sistema, todo está relacionado con todo: células, órganos, individuos, familias, sociedades, países, continentes, planetas, sistemas solares, galaxias, etc., ya sea directa, indirecta o tangencialmente, de modo que cualquier cambio en un elemento del sistema afectará inexorablemente al resto, en mayor o menor grado, todo dependerá de la *redundancia*[27]. Como sistema estamos sujetos a leyes, algunas de ellas las conocemos[28], las más básicas, otras, las más sutiles o indetectables por medios técnicos, permanecen ocultas a los ojos de los profanos. En consecuencia, si hubiese ciertas "personas especiales" que poseyesen el conocimiento de todas las leyes que rigen cualquier sistema, y tuvieran la capacidad de influir en las mismas, sin duda dominarían el Mundo.

---

[27] Veces que una misma acción se repite, o cantidad de elementos que ejecuten la misma acción.

[28] Véase: *Curso de Practitioner en PNL*, Salvador A. Carrión, Ed. Obelisco

Abordar este misterio supone un cambio de mentalidad, requiere abrirse a una realidad intangible, con el consiguiente riesgo de tener que cambiar el modo de ver el mundo que nos rodea, y a demás se descubren ciertas cosas que no se tenían en consideración, no te quepa la menor duda que la gente "idiotizada" te llamen "raro". El individuo vulgar no quiere enfrentarse a ese misterio, prefiere seguir dormido como está ajeno a lo trascendente, y mantenerse narcotizado por la irrealidad (Matrix) que le envuelve, revelándose y enfureciéndose, cuando alguien le habla de otras realidades, otras dimensiones, otros mundos o simplemente de espiritualidad. Y no me refiero únicamente a los incultos e ignorantes, muchos de los que se autodenominan "progres" por un lado, y "pensadores científicos" no aceptan más realidad que la que se deriva del materialismo puro y duro, del cálculo matemático y la física, incluso me atrevería decir de que todo aquello que no sea hedonista. Estas gentes, tan narcotizadas como los demás, son incapaces de abrir sus mentes más allá de lo que pueden controlar, medir y pesar. Sin embargo, esas mismas personas se atreven con teorías sobre viajes en el tiempo, asumen de buen grado los *biofotones*[29], por venir de un científico de renombre, aunque esté herrado, pero niegan airadamente cualquier posibilidad de que existan individuos que puedan trasmitir pensamientos a otras personas sin mediar palabras, o la existencia de la *psicometría,* facultad que permite al "sensitivo" captar o incluso leer la historia de cualquier objeto[30] . No obstante, los "cientifistas" progres (y no hablemos de los incultos políticos que nos gobiernan) tienen una mentalidad tan distorsionada y selectiva que no admiten más autoridad

---

29 Recientemente descubierta la relación entre los llamados *biofotones* y la comunicación celular, gracias a la investigación del biofísico alemán F. Albert Popp, de los que se afirma que estos se comunican inteligentemente entre sí. Para más información: *Actas del Symposium de Bio-Información Electromagnética* celebrado en Marburg en Septiembre de 1977, publicadas en Urban & Schwarzenberg, Müncher-Wien-Baltimore, 1979.
30 En el siglo XIX, J.R. Buchanan, W. Denton, y más recientemente el ruso G. Sergeyev, realizaron numerosos experimentos en los que demostraron la existencia de esa capacidad, e incluso su posibilidad de desarrollo en cualquier persona.

e información, que la que procede de su propio colectivo o de gentes con idéntica manera de pensar. Llegan a tal estupidez que rechazan a otros colegas comprometidos, por el hecho de que estos consideran que la ciencia sin la mística está coja, y que sin tener en cuenta la existencia de una Voluntad Creadora Superior, la ciencia tiende al fracaso.

A pesar de ello, de tiempo en tiempo, surge en algunos individuos que como si recibieran la influencia de alguna onda cósmica, sienten la necesidad de penetrar en lo incógnito. Necesidad que es percibida solamente por aquellos que se han cuestionado su propia existencia y sienten una inquietud, una insatisfacción, y se preguntan: ¿Para qué vivo? ¿Y esto es todo? Y se responden que no, que la creación no puede ser fruto del azar, que la existencia humana no merece ser tan mediocre, que las capacidades del hombre están infrautilizadas, que sospechan que más allá de lo conocido debe haber un sentido oculto y trascendente, que la humanidad debe tener un destino mucho más elevado que la anodina y egoísta subsistencia en la que opera. Y eso es lo que lleva a emprender la búsqueda de respuestas de algo o alguien que les saque de la ignorancia, y que les pueda conducir a los poseedores del *conocimiento oculto*.

Hay una historia muy antigua llamada *El extranjero, El visitante de lejos* o *El hijo del Rey*[31] que nos explica de dónde venimos, hacia donde vamos, que hacemos aquí. Como mucho de expuesto hasta ahora, y en ello se apoyan las mentes obtusas y los hombres dormidos o narcotizados, el relato es indemostrables por métodos empíricos, pero ...y si abrimos nuestra mente y nos cuestionamos: ¿Y si es verdad?

---

31 Esta versión data del siglo XIV, pero aparece en diferentes formatos en los Libros *Apócrifos de Nuevo Testamento*, así como en la obra *El Exilio del Alma* de Avicena muerto en al 1038.

Hace mucho tiempo en un mundo llamado el País de la Luz, que está más allá de las estrellas, el rey llamó a uno de sus hijos y le dijo: "Hijo has de prepararte para viajar a un lejano planeta en donde una peligrosa serpiente tiene secuestrada una joya muy valiosa que nos pertenece. Debido a las condiciones atmosféricas y a los alimentos de allí, en poco tiempo te sumirás en una especie de trance que impedirá recordar tu origen y la misión encomendada. Sin embargo, deberás sobreponerte al sueño siguiendo las pistas y mensajes que te irás encontrando en el camino. Se te suministrará una nueva vestimenta corporal para que pases desapercibido entre sus gentes."

Antes de partir el príncipe, se le dieron instrucciones precisas y se le aportó una cantidad extra de alimento especial propio de su mundo.

El día fijado viajó con los medios especiales que poseen en aquel país, y rápidamente se encontró en la tierra de la serpiente.

Cambió su fisonomía con el fin de que la gente del lugar no se diera cuenta de que venía de otro lado y se pusiera a la defensiva. Pero como tenía que alimentarse como ellos y debido a que estaba en su atmósfera, cayó en poco tiempo en un estado de sueño y olvidó su misión. Encontró a otros como él que lo reconocieron y le advirtieron, pero no pudo evitarlo. Ahora, en el país de la Luz su padre se dio cuenta de lo que le había sucedido a su hijo y le envió rápidamente un mensaje, diciéndole que despertara y continuara su tarea. El mensaje sacudió al hombre, en cuya mente comenzó a aflorar el recuerdo de su origen. Se despertó.

Rescató la joya y mató a la serpiente. Luego volvió y cambió su fisonomía de acuerdo con la de las personas del país de la Luz. Cuando llegó a su casa, reconoció sus orígenes con mayor claridad que cuando vivía allí. El país al que el hombre descendió es esta Tierra; la joya es la esencia del hombre de este mundo; y el mensajero es el instructor que llama al hombre a recordar sus orígenes y su retorno; la víbora y el alimento son las condiciones ambientales y las mentes humanas de los terrestres que aquí se encuentran. De hecho, esta historia se repite ya sea en fábula o en rituales religiosos más veces y en más lugares de los que se pueden contar. Sólo oír la llamada es responder. El hombre tiene un origen y un destino, y si no lo recuerda, perderá ambos.

Este relato me lleva a recordar a los muchos apóstoles, pensadores y filósofos, y no hablemos de las tradiciones esotéricas, que describen el mundo como si fuese una mansión en la que existe un tesoro escondido[32] (o una clave secreta), y que la misión del hombre es descubrirlo. Pero estas narraciones van mucho más allá, con una advertencia sutil pero muy clara de las consecuencias. También sugieren la idea, de que, ha habido y hay personas, antes que nosotros han investigado y llegado a encontrarlo, pero sin olvidar que existe un riesgo que es necesario ponderarlo. Y por tanto, sospecho que el sentido de la vida de todo hombre podría muy bien ser la búsqueda de la joya escondida o secuestrada, ese tesoro o secreto y que todo lo demás, el resto de nuestra existencia, no es más un mero accidente.

Cuando los arqueólogos no saben qué responder sobre el origen de alguno de los misteriosos hallazgos que periódicamente surgen de modo inexplicable o por casualidad, no se les ocurre nada mejor que silenciarlos a ridiculizarlos. Tal actitud, sin duda, está motivada por el desconcierto que ello supone para la ciencia oficial, dada la fragilidad sobre la que sustentan sus teorías sobre el origen del hombre y su historia tal y como nos la han hecho llegar en escuelas y universidades.

Imagínense que ocurriría si se aceptara oficialmente la existencia de otra humanidad anterior a la nuestra, y de la que nosotros somos supervivientes o residuos. ¿Adónde iría a para toda la teoría de evolucionista? ¿Qué sucedería con todas las inversiones vinculadas a la búsqueda del "eslabón perdido"? Habría que rees-

---

32 Mateo 13,44-52; Pablo, Corintios IV-7; Proverbios 2, 2 .

cribir toda la historia de la civilización humana, y por supuesto destronar por incompetentes a todos los "sabios" catedráticos que siempre ha doctrinado sobre los actuales conocimientos. Habría que rehacerlo todo, ¿no? Aunque supusiera un duro golpe para la actual cultura, creo que es un deber de todos destapar la realidad de nuestro origen, aunque tengamos que tirar a la basura todos los libros, tratados, documentales, DVDs, etc., que hasta ahora se han escrito o filmado, y que pueblan bibliotecas enteras, sobre el falso origen de nuestra civilización.

Desde el lejano oriente, hasta el extremo occidente, conocemos misterios arqueológicos que no dejan de sorprendernos y de los que carecemos de respuestas ciertas sobre su aparición, desarrollo y desaparición, y no porque carezcamos de datos, sino porque la ciencia oficial se niega u oculta sus enigmáticas conclusiones. Y como dije anteriormente, el gran problema, como en cualquier índole de la vida, es que ciertos sectores económicos y pseudo culturales, se empeñan en medirlo todo desde el restringido mapa de sus teorías e intereses rechazando y persiguiendo aquello que no se enmarca en su visión subjetiva de como tienen que ser las cosas. ¿Cuánta gente fue a la hoguera por afirmar que la Tierra era redonda? ¿Cuantos años permaneció Copérnico encerrado por sus teorías planetarias? Actualmente sigue ocurriendo otro tanto, la Inquisición, esta vez laica, continúa su obra. Quienes –incluidos científicos heterodoxos- se atreven a alzar su voz y formular teorías que se salgan de los paradigmas oficiales, caen en el descrédito o marginación como en la Edad Media siendo tachados de esotéricos o paranoicos. Sin embargo, los hechos están ahí, los restos de los misteriosas y extrañas civilizaciones siguen mostrando su magnificencia y esplendor, gritando: ¡Hasta cuando vuestra estupidez!

No voy a repetir lo tantas veces ya dicho sobre culturas ampliamente estudiadas y documentadas, aunque a pesar de ello sigan manteniendo un origen incierto y desconcertante, como la egipcia o la mesopotámica, aunque sí aportaré algún que otro detalle que constata la ignorancia de algunos teóricos. En este apartado quisiera centrarme en aquellas que los "academicistas" ni siquiera se han molestado en investigar a fondo desdeñándolas desde el principio.

Una de las primeras consideraciones que llama la atención cuando echamos una mirada al pasado, es comprobar que curiosamente las construcciones más impresionantes y matemáticamente precisas que se levantan sobre la faz de la tierra son también de las más antiguas. Edificios levantados con inmensas moles de piedra perfectamente tallada de varias toneladas de peso, cuyo transporte desde las canteras a su emplazamiento final supone, incluso en la actualidad, un despliegue tecnológico y logístico altamente desarrollado. No digamos la elevación y colocación de cada una de las piezas que encajan milimétricamente. Al respecto, la arqueología oficial responde con: "posiblemente...", "tal vez...", "se supone...", y otras muchas ambigüedades que nada responden al cómo se hizo; pero eso sí, rotundamente niegan la posibilidad de que hubiera una intervención de ciertos elementos exógenos al pueblo (llamémosles sabios, herederos de civilizaciones anteriores, iluminados, extraterrestres, etc.) que de un modo u otro conocieran secretos de la materia o de las energías para llevar a cabo tan grandiosas construcciones. Podría citar decenas de obras ciclópeas que no han podido ni tan siquiera ser datadas, sin embargo, las crónicas más antiguas nos hablan de muchos miles de años como origen de estas. Sacsaywaman en Cuzco (Perú), Tiahuanaco en Puno (Perú y Bolivia), Yanaguni en Okinawa (Japón), y no citaré los cientos de edificaciones pétreas existentes en las impenetrables selvas de México, Guatemala, Belice y Honduras donde la piedra es tan escasa o de muy difícil extracción. Pero los enigmas de estas ciclópeas construcciones no se ciñen exclusivamente a su descomunal envergadura, si miramos con detenimiento cualquiera de sus muros nos surgirá sin duda la pregunta: ¿Cómo pudieron encajar las impresionantes moles de incluso varias toneladas de peso con precisión milimétrica? ¿De qué tecnología disponían para ello?

Los enigmas no acaban ahí. Al norte del actual Perú, hace unos 2.500 años a.C. surge de repente, como otras muchas casi por arte de magia, una extraña cultura conocida como Chavín, que se extiende rápidamente por toda la costa y cordillera andina. Las gentes de aquellas tierras pasan de la noche a la mañana de ser prehistóricos agricultores a disponer de las más modernas técnicas de construcción con las que levantan grandes ciudades perfectamente urbanizadas, palacios y suntuosos templos decorados con estelas magníficamente talladas en las que se representa un extraño mundo de seres antropomórficos y sobrenaturales. ¿Cómo alcanzaron tal desarrollo técnico, cultural y religioso casi instantáneamente? Al igual que en otras muchas culturas enigmáticas, en ésta también sobresalen sus edificios piramidales y las gigantescas tallas ejecutadas en una única mole. Y otro hecho sorprendente, sus huellas únicamente en piedra y cerámica, al igual que su súbita aparición desaparecen junto al lago Titicaca como si las aguas se la hubieran tragado. ¿No es muy extraño que una civilización tan avanzada no nos dejara ni un solo escrito, aunque fuese en tablillas de barro? La arqueología oficial argumenta que desconocían la escritura, pero... ¿cómo es posible llegar a dominar tantas ciencias y artes: urbanismo, agricultura, arquitectura, astronomía, escultura, ingeniería, etc., sin tener un alfabeto ni un sistema numérico? ¿Cómo adquirieron ese conocimiento y a tanta velocidad? ¿De dónde surgieron? ¿Cómo desaparecieron?

Sin salir de aquella región volvemos a toparnos con otro misterio, este si cabe aun mayor, y por supuesto con pueriles explicaciones de la arqueología oficial, me estoy refiriendo a los gigantescos dibujos de la pampa de Nazca. Este misterio nada tiene que ver con la cultura Nazca que se desarrolló en aquella área y que fue una adaptación local de la Chavín, sino de los misteriosos geoglifos que se extienden en decenas de kilómetros cuadrados por el desierto del mismo nombre. Se trata de gigantescos dibujos hechos en la tierra, algunos de ellos de más de 275 metros de largo, que solamente son visibles desde el aire. Nadie ha sido capaz de datarlos, hay quienes la asignan una antigüedad de varios miles de años, otras decenas de miles e incluso los escépticos llegan a afirmar absurdamente que son recientes. Existen interpretaciones oficiales del misterio para todos los gustos, la mayoría de ellas a la cual más absurda, desde que eran calendarios agrícolas de los indios lugareños, (¿para qué querrían un calendario que no podían ver?), constelaciones zodiacales mágico-religiosas, o un catálogo de especies terrestres. Lo cierto y verdad es que nada se sabe de quiénes lo hicieron, ni cómo, ni para qué. Si se sabe que la precisión geométrica y matemática requerida para su ejecución desafía las más modernas técnicas informáticas. Pero, es más, los diseñadores de los descomunales dibujos supieron escogen un lugar que es único en la Tierra; sus características climatológicas son las idóneas para preservar su permanencia en el tiempo, sin viento y sin lluvia. Por otra parte, los dibujantes debían de disponer de la capacidad o tecnología para observarlos desde un plano superior (varios cientos de metros suspendidos en el aire). Y tercero y último, no creo que lo hicieran por simple vocación artística, sino que tendrían algún fin para plasmar sus "grafitis". Y de nuevo surgen las preguntas: ¿Quiénes fueron sus autores? ¿De dónde surgieron o de dónde vinieron? ¿Qué sentido tenían los dibujos si solo se ven desde el aire? ¿De dónde sacaron su avanzado conocimiento matemático, geométrico y aeronáutico? ¿Dejaron más huellas de su paso? ¿A dónde se fueron? ¿Han vuelto de nuevo y nos dejan sus mensajes codificados como antaño, pero ahora en los campos de centeno? ¿Existe alguna relación entre unos y otros?

Cuando en 1926 el investigador y profesor de la Universidad Americana de Long Island, Paul Kosok, descubrió por casualidad las "Líneas de Nazca", no se podía imaginar el desconcierto y revuelo que su accidental encuentro desde el aire iba a acarrear a la arqueología académica. Desde entonces, cientos de tesis han surgido en un intento desesperado por esclarecer el misterio que encierra, tanto su significado, utilización y el fin para el que se diseñaron. Investigadores y científicos de las más variadas especialidades de todo el mundo han estudiado los extraños grabados, sin llegar a concluir nada que satisfaga al conjunto de la ciencia.

Vayamos al otro extremo de la Tierra.

El doctor Zacharía Sitchin, uno de los filólogos más prestigiosos del mundo en lo que respecta a lenguas semíticas, y tras lustros de ardua investigación sobre textos sumerios y sanscritos, ha llegado a la conclusión de que, ya no solo fuimos visitados desde la remota antigüedad por viajeros procedentes de espacio exterior, sino que vivieron entre nosotros sirviéndonos de maestros, y entraban y salían de la Tierra a bordo de sus naves cada vez que lo consideraba necesario. También argumenta con todo un alarde de erudición y precisas referencias, que esos visitantes cósmicos utilizaban determinadas y muy específicas zonas para entrar y salir de nuestro planeta.

Los hechos están ahí, las crónicas de la antigüedad existentes también, y cada cual puede elevar sus propias tesis, y las expongo por dos motivos, uno, para abrir una puerta al pensamiento de que existió una civilización mucho más avanzada que la actual, y dos, para que quienes quieran profundizar en los grandes enigmas tengan referencias de hacia dónde dirigir sus pesquisas.

A pesar de los esfuerzos que los poderes fácticos asentados en universidades y centros de cultura (o más bien incultura) por silenciar cualquier hallazgo que sobrepase los límites de sus cánones, no son los ya discutidos los únicos casos de esta naturaleza.

En Glozel, una aldea de la montaña Borbonesa, próxima a Vichy (Francia), allá por 1924 unos agricultores descubren una insólita tumba con piezas arqueológicas hasta entonces desconocidas por ciencia oficial. Desde la fecha de su revelación hasta 1941 se extraen del yacimiento más de 3.500 objetos, pero no es hasta 1972 cuando Henri Fraçois ordena datar las piezas y restos óseos. Los resultados son asombrosos: huesos humanos de 17.000 años, cerámica de 5.000, tablillas gravadas de 2.500. Aun hoy los académicos no se han pronunciado sobre el origen y significado, pues rompe los moldes de toda la cronología paleontológica al uso, ya que muestra una cultura muy superior a la que correspondería a su tiempo, y carecen de explicación para ello.

En Acambaro, Guanajuato (Mexico), sucedió algo similar al precedente sobre las mismas fechas. En 1923, fortuitamente un terrateniente encuentra los restos de una cultura completamente desconocida y desconectada de todas las existentes en el Continente Americano. Las figurillas y cerámica que van apareciendo en la excavación muestran representaciones y dibujos de dinosaurios extinguidos hace millones de años, animales desconocidos por la zoología, juntamente con escena de la vida cotidiana de aquella sociedad. Las dataciones del carbono 14 realizadas por el Laboratorio de Isótopos de New Jersey fechan las piezas entre los años 4.500 y 2.500 antes de nuestra era. Pero lo realmente curioso de este descubrimiento, es que eran las primeras representaciones pictóricas y plásticas de animales antediluvianos conviviendo con humanos. Conviene recordar que los primeros datos oficiales que se tienen de la existencia de los dinosaurios se remontan a finales del siglo XIX. Entonces, ¿cómo podían saber de su existencia una gente que vivió hace 3.000 años? ¿De dónde habían obtenido la información aquellos hombres prehistóricos? ¿Habían vivido con ellos?

Estas preguntas son las que la ciencia teme, pues carecen de respuestas adecuadas y convincentes. Por tanto, se limita a ignorar el descubrimiento y a silenciarlo por miedo a que se les derrumbe su frágil castillo de naipes. Tanto los agricultores de Glozel, como el señor Julsrud descubridor de Acámbaro, nunca pretendieron enriquecerse con sus hallazgos, su único interés, al que dedicaron toda su vida e incluso hacienda, fue que la ciencia oficial investigara seriamente sus descubrimientos en beneficio de la humanidad. Sin embargo, estos hombres fueron difamados y ridiculizados. Los motivos estaban muy claros, rompían los cánones establecidos y eso no se podía permitir. ¿Cómo explicar que humanos y dinosaurios convivieran en una época? Si la ciencia oficial fija la aparición del hombre inteligente en unas pocas decenas de miles de años, ¿cómo admitir que hace 65 millones ya había una cultura inteligente que dominaba a los dinosaurios? Admitir cualquiera de los hechos precedentes supondría aceptar que hubo seres inteligentes hace varios millones de años que poseían un conocimiento igual o incluso superior al actual, eso tiraría por tierra no solo los tratados de arqueología en uso, sino la antropología, y toda la historia general de la humanidad.

Todo ello y mucho más[33] nos lleva a abrirnos a la posibilidad de que existiera una humanidad con una civilización tan avanzada o más que la nuestra. Y si admitimos tal hipótesis, también admitiremos, que además de dejar huellas pétreas y pictóricas debieron dejar o trasmitir de algún modo un legado con sus conocimientos acumulados. Eso explicaría el nacimiento súbito de ciertas culturas sin tiempo material para desarrollarse y evolucionar de forma "normal".

Respecto a lo anterior, ya hemos citado la cultura sumeria y cómo de repente un pueblo de pastores nómadas de las montañas centro asiáticas, se transforman en una brillante civilización de magníficos arquitectos, ingenieros, constructores, escultores, astrónomos, médicos, poetas, etcétera. Pero también hemos visto que fue la única de aquel tiempo. No lejos de allí, como ya vimos, en los márgenes del río Nilo surge otra civilización, casi por arte de magia, nunca mejor dicho, en medio del desierto, de entre pastores nómadas (igual que la sumeria), que se transforma rápidamente sin tiempo físico para su desarrollo "natural" en una de las más grandes y enigmáticas culturas que jamás han existido. Hoy en día siguen aflorando de entre sus desérticas entrañas nuevos y desconcertantes misterios.

---

33 Podríamos llenar un solo libro con los hallazgos de culturas misteriosas de los que no existe explicación. Tal vez más adelante aborde la idea, pero de momento, quienes quieran profundizar en este tema específico le recomiendo entre otros los siguientes trabajos: "La huella de los "dioses"", Graham Hancock, Biblioteca de Bolsillo. "Enigmas Arqueológicos", Luc Bürgin, Ed. Timun Mas. ¿Existió otra Humanidad?, J.J. Benitez, Plaza & Janés.

Sin retirarnos mucho de las descomunales obras faraónicas, y tal vez, de algún modo conectada con ella, encontramos de nuevo huellas inquietantes en yacimientos arqueológicos, esta vez prehistóricos. Viajamos ahora a una de las regiones más inhóspitas del planeta, en pleno *erg*, en el corazón del Sahara, en medio de un abrupto y escarpado macizo de arenisca de difícil acceso se encuentra Tasili-n-Azyer, en sus angostos cañones y erosionadas gargantas existen decenas de grutas profundas que antaño fueron abrigos naturales para los extraños pobladores de la región. Las cuevas se encuentran decoradas con cientos y cientos de magníficas pinturas, de entre escasos centímetros de altura hasta descomunales dibujos únicos en el mundo. Un detenido recorrido por la magnífica biblioteca pictórica nos muestra como los habitantes del lugar conocían a la perfección la flora y fauna de la región. Lo sorprendente del tema, es que ni plantas ni animales tienen nada que ver con la existente en la región, ni por supuesto, con la que geológicamente hubiese correspondido a la época que a tales individuos les tocó vivir. Jirafas, búfalos, avestruces, elefantes, hipopótamos, en medio del desierto siendo cazados en manada por aquellos pobladores. Sabemos por los historiadores de la antigüedad, Herodoto y Plinio el Viejo entre otros, que ya en el siglo V a.C., el Sahara era ya como lo conocemos ahora, es decir, un inmenso océano de arena. A pesar de ello, en pleno Teneré se descubrieron restos humanos y vasijas datados en 4 ó 5.000 años, junto con importantes escombreras de espinas de pescado, conchas de moluscos, huesos de hipopótamos, conchas de tortugas marinas. Geológicamente la posibilidad de que el Sahara estuviese próximo a grandes humerales o al mar, se fija con anterioridad al periodo cuaternario, es decir, entre 100.000 y dos millones de años. Y me pregunto, ¿cómo es posible este descomunal desfase? ¿Dónde está el error? ¿Cómo hombres y animales de hace 4 ó 5 mil años vivieran en una tierra extinguida hace no menos de 100.000 años? ¿No parece una incongruencia extrema? ¿Quién se equivoca, o quién nos quiere engañar? ¿Cómo habrían podido llegar hasta ese lugar desértico toneladas y toneladas de pescado, moluscos y animales de agua? No obstante, el misterio de la región no acaba ahí. En las pinturas de Tasili aparecen gigantescas figuras humanas o humanoides, encasquetadas de una especie de escafandra y con aspecto de llevar puesto un traje de buzo o astronauta. Estos superhombres o cíclopes están claramente diferenciados del resto de las anatomías que representan a los nativos, incluso a sus jefes y brujos. Las respuestas ofrecidas por la arqueología oficial de los gigantes humanoides es que se trata de representaciones de algún dios, cuando en ningún caso se ven asociados a escenas de culto ni rituales.

Si conectamos estas extrañas y gigantescas pinturas con ciertos ritos, no nos tenemos que desplazar muy lejos para encontrar el territorio Dogón en los límites occidentales del desierto al sur de Mali, donde los nativos celebran ciertos rituales en los que un personaje nativo se viste casi idénticamente como el representado en Tasili. En la ceremonia el oficiante así vestido representa al extraño ser que procedente de la estrella Sirio, llegó hace muchas generaciones para educar y enseñar a su pueblo. ¿Acaso las gentes Tisali, Terené y Dogón habían recibido a los mismos visitantes?

Otro Saber es Posible

IV.
OTRO SABER ES POSIBLE

Cada día surgen nuevos hallazgos y nuevos inventos tirando por tierra las anteriores teorías; la ciencia nos sorprende con descubrimientos, y lo que ayer era un imposible o algo incógnito, hoy es posible y manifiesto. El hombre reflexivo se da cuenta que está rodeado de enigmas, que lo desconocido lo envuelve como un velo, y al igual que la erudición muestra nuevos paradigmas, lo misterioso también se nos puede mostrar. Cabe señalar que muchos de los "descubrimientos" que ahora nos parecen sorprendentes ya eran conocidos y expuestos por místicos y sabios de hace muchos siglos, y que tal conocimiento no había sido alcanzado por la investigación, sino que sus redescubridores lo consiguieron a través del contacto y manejo de esa fuente de *conocimiento superior* a la que nos estamos refiriendo. Así, por ejemplo, a teoría de Jung del inconsciente colectivo ya había sido expuesta por el filósofo y místico español Ibn Rush (1126-1198), y más tarde referida nuevamente por el gran Maestro Jalaludín Rumi (1207-1273) como el "Gran Alma" de la humanidad. Los Arquetipos no tuvieron su origen en el discípulo de Freud, sino en otro español, místico e iluminado, Ibn el-Arabí (1165-1240). Los complejos mecanismos del aprendizaje humano tal y como los explica la psicología moderna, ya eran considerados y utilizados por ciertas iglesias ortodoxas como la Copta y por los sufíes de la Edad Media. Hujwiri (1009-1072), otro maestro sufí del siglo XI, ya expuso en sus escritos la relatividad del tiempo y el espacio, casi mil años antes que Einstein. Copérnico, quien revolucionó la astronomía en el Renacimiento, afirmaba que su conocimiento lo había adquirido estudiando ciertos escritos secretos del antiguo Egipto; otro tanto manifestaba Kepler, e incluso el propio Newton, como otros muchos científicos antiguos y modernos que han bebido y beben de fuentes de más de 3.000 años.

Muchas de estas cosas nos intrigan y otras nos hacen reflexionar, pero lo lamentable, es que cuando el individuo se enfrenta a la posibilidad de emprender la indagación para alcanzar ese *conocimiento*, no sabe cómo buscarlo o qué buscar, o ni tan siquiera qué es lo que le gustaría encontrar, y mucho menos lo que significa adquirir tal *conocimiento*. Este desconcierto desanima a la mayoría de los principiantes, sin embargo, es normal que sea así, estamos hablando de algo que por su propia naturaleza es irreconocible, no sabemos lo que contiene, y precisamente uno de los motivos de este libro es procurar aproximar al lector, en la medida de mis posibilidades, a lo que entraña la *sabiduría secreta*, el *conocimiento oculto*, o cualquier otro nombre similar al que queramos recurrir para citarlo.

En consecuencia, de lo antedicho, uno de los errores más frecuentes y comunes en los "*buscadores*" que se embarcan tras las huellas del misterio, es su creencia de que saben cómo buscar, y que incluso saben qué es lo que van a encontrar, cuando por principio "lo desconocido no se conoce". Esa insolencia e ineptitud del *qué y cómo,* es lo que ha permitido la proliferación de los falsos magos, falsos profetas, falsos gurús, falso místicos, falsos maestros, falsos de todo. La gente está perdida y no sabe cómo acercarse a lo incógnito, confunde la forma con el contenido queda deslumbrada por el aspecto del envoltorio aceptando que si el estuche es bonito el contenido es bueno. Nada más lejos de la realidad. La mayoría de las personas relacionan *conocimiento oculto* con la magia y ocultismo, echan en el mismo saco todo lo que le dicen que es brujería (para bien y para mal, para rechazarlo o aceptarlo), sin pararse a analizar como harían en cualquier otra área de su vida, si es cierto o no, si quien se lo dice tiene autoridad en la materia o habla sin conocimiento de causa como es común en los charlatanes con apariencia de eruditos.

Indudablemente lo mágico[34] puede ser una vía hacia lo inexplicable, pero no cualquier parafernalia o absurdo ritual etiquetado como tal. El vulgo está tan ansioso de emociones que todo aquello que le haga experimentar una fuerte subida de adrenalina o endorfina lo aceptan como algo sublime y trascendente, como si la emoción que produce lanzarse desde un puente al vacío o ganar un campeonato de algo fuese algo sobrenatural. Una estupidez

---

34 Entendiendo como magia la capacidad del hombre para dominar la materia con su mente. La Enciclopedia Universal Ilustrada Espasa-Calpe, define la magia como: *"Ciencia o arte que enseña a hacer cosas extraordinarias y admirables."* Véase también: M*agia oriental.* Idries Shah. Ed. Kairos

más del género humano en su estado actual. Tengamos en cuenta que lo calificado como extraordinario o lo milagroso es aquello que trasciende el conocimiento vulgar, sin embargo, detrás de ello existe una técnica, que se puede aprender si tenemos quien nos la enseñe y poseemos las cualidades necesarias. Para un indígena de la selva Amazónica que en su vida ha visto un encendedor, un corriente y popular Clipper es un objeto mágico que produce fuego, un avión es un pájaro de hierro, y un reproductor MP3 es una cajita con un espíritu parlante. Los hechos mágicos o sobrenaturales son el resultado de una destreza que el observador desconoce cómo se ha realizado, pero que el ejecutor domina y maneja. Además en ese saber existen grados como en todo, y a medida que el sujeto amplía su conciencia y comprensión, se abren nuevos secretos y desafíos. El hombre ignorante, como el indígena, se empeña en desentrañar los misterios de lo desconocido con su capacidad y parámetros presentes, con los recursos que le proporcionan sus cinco burdos sentidos corporales, y sus limitadas estrategias de razonamiento mental. Con ese modo de pensar no puede llegar muy lejos, puesto que lo desconocido, lo mágico o lo milagroso pertenecen a una dimensión diferente de la que permiten captar sus limitados órganos de percepción externos. Y no es que no se pueda alcanzar esa comprensión, sino que para ello primeramente tiene que modificar sus conexiones psíquicas y modo de percibir la realidad sensorial. A diferencia del indígena del ejemplo, el conocimiento mágico o secreto no es algo que con el tiempo pasaría a ser conocido; el *conocimiento oculto* seguirá siendo secreto mientras el buscador no incremente la capacidad de percepción, y sus estrategias mentales no sobrepasen los límites del pensamiento ordinario.

Llegado a este punto es importante llamar la atención en la gran diferencia que existe entre los términos: conocimiento común (vulgar) y *conocimiento oculto* (superior). El conocimiento vulgar es aquel al que tiene acceso el hombre prosaico, pudiendo incrementarlo con el estudio académico y la experiencia *cotidiana*, este se encuentra limitado por el razonamiento especulativo basado en los términos de referencia (adoctrinamiento) inculcados desde niños por la sociedad.

El *conocimiento oculto o conocimiento superior* pertenece a otra dimensión de la conciencia, a otra percepción sensorial no ordinaria, y a la experiencia paranormal[35].

Desde el conocimiento vulgar no se puede llegar a *conocimiento superior*, pues incumbe a esferas de la realidad que nada tienen que ver una con otra. Sí se puede iniciar una aproximación desde lo común, pero solamente hasta el punto que nos puede ayudar a prepararnos para un cambio de conciencia, a un incremento de nuestras percepciones y a experiencias fuera de lo cotidiano; pero a partir de ahí, el conocimiento vulgar hay que dejarlo atrás, puesto que sería un impedimento para el aprendizaje y la adquisición de nuevas potencialidades. Con la conciencia ordinaria es imposible comprender lo extraordinario, para penetrar en su comprensión se requieren estados de conciencia superiores, a los que no se puede acceder desde lo usual.

Hasta hace muy poco tiempo, casi hasta mediados del pasado siglo, cualquier estado superior de la conciencia era considerado como "locura", ha sido en las últimas décadas cuando se ha comenzado a considerar que esos estados "alterados" eran producto de una diferente actividad de la conciencia y que merecía la pena ser investigados. Ciertamente la mayoría de los grandes místicos y visionarios fueron considerados locos en muchos momentos de sus vidas, e incluso muchos de ellos denigrados, cuando no quemados en la hoguera o ejecutados[36]. Sin embargo, sin los estados

---

35 Paranormal según la RAE es aquella experiencia que no se puede explicar científicamente, porque no se ajusta a las leyes de la naturaleza conocidas.

36 Sto. Tomás acusado de hereje, San Pío de Pietrelcima de histérico, Juana de Arco quemada en la hoguera, Savonarola, Luisa Piccarreta, Concepción Cabrera, María de Agreda, Catalina Emerich, María Valtorna, entre otros muchos en la Iglesia Católica. Dentro del Islam también tenemos ejemplos como Mansur el-Hallaj, Sohrevardi, entre muchos otros.

alterados de conciencia a los que acceden esos hombres, nunca hubiese sido posible explicar ciertas creencias y dogmas que plantean las distintas iglesias. A pesar de que hayan transcurrido más de cinco siglos desde que se iniciaran las cazas de brujas y herejes, hoy se sigue, con medios más sofisticados eso sí, persiguiendo a aquellos que declaran abiertamente sus experiencias relativas a los estados superiores de conciencia. El materialismo y hedonismo dominante en la sociedad occidental recubiertos de tintes progresistas quieren evitar que lo trascendente (espiritual) pueda hacer mella en la gente puesto que, quienes controlan la sociedad, perderían todo su poder y dominio de las masas. "El Espíritu os hará libres"[37], o lo que es igual, lo trascendente impedirá que caigas en las redes de la manipulación en las que la sociedad en general se encuentra atrapada.

Tal vez te estés preguntando, si ese *conocimiento* es el sentido de la vida del hombre, ¿por qué no se muestra abiertamente? Muy sencillo, y ya lo dije unas líneas atrás, por la misma razón que a un niño no se le permite que maneje un arma de fuego o que experimente relaciones sexuales plenas. En sí nada es perjudicial, pero si se carece de la capacidad y del equilibrio necesario para manejar tal conocimiento, éste puede ser mal utilizado o incluso volvérsele en contra.

Tal vez muchos lectores cuestionen estas afirmaciones argumentando que la "ciencia" no las toma en consideración, y por tanto carecen de validez; pero ten en cuenta que todo lo que la "ciencia" es incapaz de encasillar o enmarcar dentro de los estrechos límites de algunos de sus mapas, lo desprecia, lo margina y lo cataloga como paranoia, o en el mejor de los casos lo entierra bajo la escombrera de lo "irracional"[38]. Gracias a Dios no toda la "ciencia" es tan obtusa,

---

37 Evangelio de Juan 8:32
38 Es el caso del gran inventor Nikola Tesla. Su carácter, su enfrentamiento con Edison y el halo de misterio que rodea a algunos de sus descubrimientos hicieron que Tesla, casi fuese ignorado y perseguido por el FBI.

grandes genios de la humanidad han dado una y otra vez su señal de alarma, pero a pesar de todo, aun siendo paladines de la raza humana, en este tema, son ignorados, y a las pruebas me remito[39]. Einstein nos decía:

"La experiencia religiosa cósmica es la fuerza impulsora más fuerte y noble que existe detrás de la investigación científica."

Los estados alterados de conciencia que conducen a una superior[40], proporcionan a quienes los experimentan todo un universo nuevo desde donde fluyen hacia él ideas, cosmogénesis, concepciones y especialmente una filosofía de vida. Estos individuos que alcanzan la permanencia en la conciencia superior son los "hombres (y mujeres) de conocimiento" u "hombres realizados"; en algunas culturas también se les llaman místicos, santos, iluminados o simplemente Maestros con mayúscula, de ellos hablaremos más adelante, y su relación con el *conocimiento secreto* y el Círculo Interno de la Humanidad

Hemos leído como hechos insólitos, teorías anticipadoras y restos arqueológicos misteriosos se han dado en culturas diametralmente opuestas y distantes en el tiempo. Y aún más, comprobamos que chamanes, místicos y sacerdotes de comunidades indígenas y religiones de oriente y occidente, han vivido el mismo tipo de experiencias al penetrar en los estados de conciencia superior. ¿Cómo explicar estas coincidencias? Imposible, puesto que las experiencias de estados alterados de conciencia en toda su dimensión sólo son comprensibles desde la propia experiencia.

---

39 Sobre el pensamiento místico y su relación con la ciencia de Albert Einstein, Werner Heinsenberg, Sir Arthur Eddington, Erwin Schrödinger, Sir James Jeans, Max Planck, Wolfgang Pauli; véase: *Cuestiones Cuánticas. Escritos místicos de los físicos más famosos del mundo*, Compilado por Ken Wilber, Kairós, 1986, Barcelona.
40 No todos los estados alterados de conciencia conducen a una conciencia superior, hay alteraciones producidas por intoxicación, ingestión de drogas especialmente alucinógenos, que derivan en estados caóticos, diabólicos y psicóticos. Los estados superiores de conciencia se alcanzan por medio de prácticas y ejercicios naturales, seguidos a largo plazo, ya que el organismo y la psique debe acomodarse paulatinamente al impacto que supone la conciencia acrecentada en el organismo entero.

Desde fuera, teóricamente, nada es lo que parece. Un teórico de tales estados jamás podrá explicar ni remotamente adónde conducen la experiencia de expansión de la conciencia, la única vía de aproximación objetiva es la propia experiencia (con una guía adecuada) o el contacto directo con quienes lo viven. ¿Qué es lo que sucede entonces? ¿A qué acceden los *hombres de conocimiento* en sus experiencias místicas[41]?

Relacionando los estados de conciencia superior con el *conocimiento oculto*, podría aventurarme a manifestar, que la experiencia de alcanzar esos estados sería una penetración o trasvase de este en la conciencia del individuo. Esta afirmación ha sido planteada desde la antigüedad por filósofos, investigadores, místicos y regeneradores de la civilización[42], que consideraban la magia (entiéndase en el sentido original de la palabra, no en las supercherías que se venden como tal) y el misticismo como las vías de acceso a los secretos del Universo habiéndolo vivido en sus propias carnes.

Al igual que la inteligencia del hombre está por encima de la de un simio, un reptil o un insecto, la inteligencia de un "hombre realizado" es muy superior a la del hombre común. Y no es que tales individuos de rango superior –ciertos chamanes, gurús, sacerdotes, místicos y Maestros— hayan nacido con ese "don", sino que han tenido acceso a un *sistema de enseñanza* que les proporcionó un aprendizaje que está por encima de aquel a que tienen acceso el resto de los humanos. La ciencia oficial se revela ante tales afirmaciones arguyendo que como la adquisición del conocimiento superior no puede ser controlado desde un laboratorio,

---

41 En adelante el término "místico" lo utilizaré como sinónimo de "hombre de conocimiento" u "hombre realizado". Por extensión "misticismo", hará referencia al universo cosmogónico, filosófico y comprensivo que tienen los "místicos".

42 Hermes Trismegisto, Buda, Pitágoras, Platón, Rumi, Ibn el-Arabi, y más recientes como: Colin Wilson, Rodey Cillin, P.D. Ouspensky, G.I. Gurdjieff, Elena P. Blabansky, Alice Beiley, J. Bennett, Louis Powell, Robert Orstein, Idries Shah, entre otros.

ni adquirido por una formación universitaria, así que por lo tanto son patrañas. Argumento que demuestra claramente que todo aquello que no pueda ser manipulado y controlados por ellos hay que erradicarlo de la sociedad.

Así que no es de extrañar que, para proteger ese *conocimiento* de la manipulación, mal uso, de la avaricia, de las ansias de dominio y poder, haya ciertos sabios u *hombres puros* que tengan la responsabilidad de velar por ello. Tales individuos superiores mantienes a buen recaudo tanto las técnicas como el uso de ciertos útiles que activan energías sutiles (no detectables por los burdos instrumentos científicos de los laboratorios) que ayudan al perfeccionamiento de la conciencia permitiendo de ese modo el desarrollo de facultades u órganos superiores en la persona. Hay que tener presente, que tales *órganos superiores de percepción* o capacidades espirituales también existen y se manifiestan en las formas ordinarias de conciencia humana. Sin embargo, normalmente solo se conocen indirectamente a través de sus distorsiones que son las que organizan el aspecto egótico en el nivel psicológico, emocional y orgánico, común de la experiencia humana.

Sin embargo, ya desde el siglo X al XIII, los grandes maestros[43], como Shahab al-Din Yahya ibn Habash Suhrawardi, Najmudin Kubra, Shams-i-Tabrizi, Abū ʿAbd ar-Rahmān as-Sulamī, entre otros, no dudaron en comunicar, aunque veladamente, la existencia de estos órganos internos de percepción superior (*lataif*), que hay que desarrollarse y permiten al iniciado tener acceso por medio de ellos al conocimiento superior. Con raras excepciones, la activación de estos órganos superiores de percepción (*lataif*) solo se experimenta directamente (e incondicionalmente) en seres humanos que han realizado un perfeccionamiento espiritual, un trabajo de purificación del ego, requisito

---

43 El concepto general de "centros sutiles" espirituales aparentemente se originó dentro del sufismo persa: Junayd de Bagdad (835-910), Al-Ghazali (1058-1111) y Shahab al-Din Abu Hafs Umar Suhrawardi (1145-1234).

previo e indispensable. El proceso de activación de dichos órganos, como su estimulación, posterior funcionamiento pleno se alcanza a través de varios métodos y siempre bajo la supervisión de un director o guía.

Uno de esos métodos, es una forma especial de «revelación» o súbita «iluminación»[44], que implica la afinidad del maestro sufí y el alumno. Otro método es la activación directa, llamada «transmisión» del *latifa*[45] mediante una interacción deliberada entre el profesor y el alumno. Existe otro método que es un tipo especial de meditación, que consiste en que el estudiante concentre su atención plena en la parte del cuerpo y color que están vinculados con cada uno de los órganos superiores; y así, bajo la estricta supervisión del maestro, el discípulo fijará su conciencia en secuencias progresivas. Por supuesto que éste como los anteriores son algunos de los métodos de activación de los órganos especiales de percepción, ya que cada maestro tiene su sistema y actúa en función de la necesidad y capacidad del aspirante.

No crea el lector que este es el único medio para el desarrollo superior de la conciencia humana, requisito previo para tener acceso al conocimiento secreto o escondido tras lo alegórico y que oculta, o más bien, vela la Verdad Absoluta de la Creación.

La mayoría de las religiones, que en su origen tenían con objetivo llevar al creyente desde el plano material (y animal) al plano de plena conciencia superior (realmente humano), se han esforzado por trasmitir técnicas y métodos para alcanzar la meta de lo sublime. Podemos referirnos a alguno de ellos:

Buddhānusmṛti, que significa «atención plena», es una práctica budista común en todas las tradiciones de esta religión, que implica meditar sobre un Buda, Gautama o Amitābha, como tema de concentración y reflexión.

---

44 Entendiendo por revelación o iluminación, la repentina entrada en funcionamiento de los órganos superiores que permiten la comprensión de secretos, verdades ocultas y demás capacidades sobrenaturales.
45 Singular de lataif u órgano superior de percepción interna.

Magia del caos, se refiere a un estado alterado de conciencia en el que la mente de una persona se enfoca en un solo punto, idea o meta y todos los demás pensamientos son expulsados. Dado que se necesitan años de entrenamiento para dominar este tipo de habilidad meditativa, los maestros del caos emplean una variedad de otras formas para lograr su objetivo: parar el diálogo interno.

Shaktipat, dentro del hinduismo es la transmisión de energía espiritual a una persona por otra. Se puede transmitir con una palabra sagrada o un mantra, o con una mirada, un pensamiento o un tacto, se considera un acto de gracia por parte del gurú o lo divino. No se puede imponer por la fuerza, ni un receptor puede hacer que suceda. Se sostiene que Shaktipat puede transmitirse en persona o a distancia, a través de un objeto como una flor o una fruta.

Vipassanā que significa literalmente, «visión especial». Son las dos cualidades de la mente que se desarrollan en la meditación budista, *bhāvanā samatha*. Esta es forma de reflexión que busca «comprender la verdadera naturaleza de la realidad», definida como *anicca* « impermanencia «, *dukkha* «sufrimiento, insatisfacción», *anattā* «no-yo».

Taoísmo. Cuyo significado es "camino" o "método" El concepto del tao se basa en aceptar que la única constante en el universo es el cambio y que debemos aceptar este hecho y estar en armonía con ello.

Hesicasmo. El objetivo del hesicasmo es la búsqueda de la paz interior en unión mística con Dios y en armonía con la creación. Las tres características fundamentales del hesicasta (seguidor de esta disciplina) son: la soledad, como medio de huir del mundo; el silencio, para obtener la revelación del futuro y del mundo ultraterreno; y la quietud, para conseguir el control de los pensamientos, la ausencia de preocupaciones y la sobriedad.

La oración del corazón. Consiste, básicamente, en repetir, mejor al ritmo de la respiración, una frase o una palabra que "diga" algo, que resuene de forma especial, como uno de los

Nombres de Dios. Es una manera muy sencilla de orar que va introduciéndote en lo más profundo del ser donde habita el Dueño de ese Nombre. Lo único que requiere es constancia y repetir al ritmo pausado de la respiración.

Habría muchos más, pero me he limitado a plasmar alguno como ejemplo de la variedad de técnicas de preparación para el despertar.

No obstante, y quiero que le quede bien claro, querido lector, que cualquiera de los métodos a los que me he referido, no producirá un resultado adecuado si se aborda indiscriminadamente y sin un guía que haya recorrido el camino.

Sociedades y Organizaciones Secretas o Discretas

V.
SOCIEDADES Y ORGANIZACIONES SECRETAS O DISCRETAS.

"Solamente el individuo que no se encuentra atrapado en la sociedad puede influir en ella de manera fundamental."
KRISHNAMURTI

"El Misterio está oculto en las raíces del árbol de la vida, conocido sólo por sus frutos y hojas."
MEWLANA JALALUDIN RUMI

o hay que hurgar demasiado en las crónicas para descubrir que, desde muchos siglos antes de Nuestra Era, existieron clanes, sectas y sociedades secretas que guardaban celosamente un saber enigmático, y que esos círculos herméticos se han sucedido así hasta el presente. Magos, augures, sibilas, druidas, gnósticos, caballeros templarios, masones, rosacruces, y muchos otros antes y después de ellos han manifestado poseer cierto conocimiento oculto trasmitido por otras sociedades aun más herméticas o personajes misteriosos o venidos del Más Allá. Tanto el origen de tan valioso conocimiento como su transmisión estaban reservados a un selecto grupo de adeptos que tras duras pruebas y años de fiel entrega, eran aceptados en el "círculo interno" del grupo.

Ejemplos encontramos en Egipto con las castas sacerdotales, en Mesopotamia con el círculo de Zoroastro, Grecia en la religión Mistérica, en la Edad Media con los Trovadores, Templarios, Calatravos y derviches; en el siglo XVII con los Rosacruces, más tarde la Masonería; ya en el XIX y XX las escuelas Teosóficas de Blabansky, Alice Beiley y la Golden Dawn, los grupos del Cuarto Camino de Gurdjieff y Ouspensky, la Tradición Perenne de René Guenon, Titus Burham, y hasta hoy. Todos ellos de un modo u otro guardan, o mejor dicho guardaban, un secreto que decían provenir de tiempos inmemoriales. Conste que no afirmo que los supervivientes actuales de estos grupos aun conserven ese *conocimiento oculto*, (pero por ahora no nos extenderemos más en ellos) ya a su debido tiempo volveremos para tratarlos detenidamente, y ver que ha ocurrido con su legado.

Es importante distinguir el origen del *Conocimiento Secreto* y, y a lo que hoy se entiende como conocimiento erudito o académico. Ya advertí que no es lo mismo el conocimiento vulgar, académico, erudito, o intelectual, que el conocimiento superior, gnosis, o secreto. Ya nos hemos remontado a los albores de la humanidad, y la posibilidad, bastante contrastada, de que los fundamentos de la civilización fuesen traídos por emisarios divinos: ángeles, "dioses", o cosmonautas. Estos superhombres, que habitaron entre nosotros pusieron las bases para que los primeros humanos aprendieran ciertos conocimientos básicos: agricultura, ganadería, cerámica, metalurgia, etc., para posteriormente facilitarle el acceso a otro conocimiento superior.

> "Cuando la humanidad comenzó a multiplicarse sobre la faz de la tierra y les nacieron hijas, vieron los hijos de los "dioses" que las hijas de los hombres les venían bien, y tomaron por mujeres a las que preferían de entre todas ellas."
> "Los nefilim existían en la tierra por aquel entonces (y también después), cuando los "dioses" se unían a las hijas de los hombres y ellas les daban hijos: estos fueron los poderosos de la Eternidad, los hombres shem."[46]

Sea como sea, si admitimos la existencia de una gnosis oculta, o al menos la posibilidad de que sea así, podemos aceptar también que la misma se encuentra en poder de ciertos grupos especiales, gentes desconocidas para la mayoría, que formarían una especie de círculo escogido de la humanidad. Desde esta perspectiva, veríamos el conjunto de la humanidad como si fuesen tres circunferencias concéntricas; la externa estaría formada por los hombres y mujeres que pueblan el planeta y que viven ignorando otras posibilidades de existencia y conocimiento; el circulo intermedio, del que el circulo externo no sabe de su existencia o tiene vagas referencias, lo poblarían los adeptos que han encontrado una de las Vías de acceso y se esfuerzan por avanzar en el Camino; por último, el Círculo Interno, está reservado a los auténticos "hombres de conocimiento", guardianes de los secretos, y responsables de la evolución[47] de la Tierra.

---

46 Génesis 6, 1-2-4-5.

47 Entendiendo ésta como el fiel cumplimiento de los planes cósmicos que mantengan la armonía en todo el Universo. Esto implica un desarrollo ordenado y progresivo gobernado por ciertos principios y leyes exactas pero desconocidas para la humanidad.

Otro símil que apoyándome en la máxima de Trismegisto: *"Como es arriba es abajo"*, se me ocurre, sobre la base de este epigrama comparar a la humanidad con el organismo del hombre: el cuerpo, serían los millones de seres ignorantes como células; la mente, aquellos que han penetrado en la esfera de los discípulos como capacidad intelectiva; y el espíritu, principio de Vida, los "hombres realizados" que están más allá de toda posibilidad de conocimiento e identificación de muchos de los adeptos (mente), y por supuesto de todos los que formarían el cuerpo (la humanidad en general).

> *"El Circulo Interno o Esotérico forma, por así decirlo, una vida dentro de la Vida, un misterio, un secreto en la vida de la humanidad."*[48]

Para profundizar un poco más en la realidad de la gnosis hierática y sus custodios, empezaremos por echar una mirada a la historia de las religiones, y observar como ha existido siempre un núcleo impenetrable de sabiduría más allá del folclore ritual y público.

Desde Sumer (3.500 a.C.), hasta hoy, en la mayoría de las grandes religiones, han coexistido dos aspectos: el exotérico, dogmático y popular repleto de parafernalia; y, el esotérico, sobrio, místico y hermético. Sin detenernos en las poblaciones neolíticas, dada su poca identidad como civilización, nos encontramos súbitamente con pueblos, sumerio, egipcio, olmeca, y otros que llaman poderosamente nuestra atención, por ser ya hace 5.500 años, estructuras sociales altamente refinadas en todos sus aspectos, y con una organización religiosa tan completa y compleja como cualquiera de las actuales.

Los sumerios, primer pueblo en dejar referencias escritas de sus leyes, política, administración y dogmas religiosos; y más tarde en sus sucesores, los asirio-babilónicos, ya encontramos este doble aspecto exotérico-esotérico. Por una parte, existía

---

48 Véase: *Un nuevo modelo de Universo*, pag.21. P.D. Ouspensky, editorial Kier.

una práctica popular atendida por sacerdotes comunes que dispensaban tanto los cuidados a la imaginería como los rituales y festejos en los que participaba el pueblo, por otra, estaba el grupo escogido de sacerdotes astrónomos, oniromantes y escribas, encargados del asesoramiento real y pedagógico. Estos, conocedores de la tradición secreta, la trasmitían en sus Epopeyas[49] escritas en lenguaje metafórico que solo podían interpretar quienes conocían sus claves.

Otro tanto encontramos al mismo tiempo en Egipto, desde Menes, primer faraón de la I Dinastía[50], tanto las ciencias como las letras, arte o tecnología, y no digamos su teología, se encontraban repentinamente en un nivel tan avanzado, comparado incluso con dinastías muy posteriores, que hoy aun seguimos preguntándonos cómo pudo ocurrir ese *salto cuántico* tan inexplicable.

Los misterios de Isis –los misterios grecorromanos– eran en palabras del clasicista Walter Burkert, "rituales de iniciación voluntarios, personales y secretos con la intención de formar un cambio en el carácter de un individuo por medio de una experiencia sagrada".

El pueblo de Israel cuya documentación nos ha llegado a través del Pentateuco, identificamos una clara separación de ambas particularidades: los sacerdotes y los levitas, Aarón y Melquisedec. Aunque los primeros solían surgir de los segundos, no siempre sucedía así, y además, solo ciertos sacerdotes tenías acceso al la parte interior del Templo, y tan solo el Sumo Sacerdote accedía al espacio impenetrable del *Santa Santorum* que guardaba los secretos del Arca de la Alianza con su contenido misterioso.

---

49 *Epopeya de Atravis, Poema de la Creación, Poema de Erra, y, Poema Épico de Gilgamet.*
50 Alrededor del 5.000, ó 3.000, según sigamos la cronología arqueológica de Petrie o Meyer respectivamente. Como se puede comprobar, ni la arqueología oficial es capaz de ponerse de acuerdo en los orígenes de esta cultura. Usemos una u otra fecha, lo que es cierto, es que mientras en Europa vivíamos apenas saliendo de la Edad de Piedra, en Egipto y Sumer disponían de una cultura avanzadísima.

Hoy sabemos, que incluso en la Iglesia Católica se guardan secretos que muy pocos de sus clérigos, y no digamos de los fieles, conocen. En la Biblioteca del Vaticano, existe una bóveda acorazada a la que solo pueden acceder y bajo el férreo control de la guardia suiza, un reducido número de personas y con permisos especiales.

Dentro del Islam existen componentes misteriosos[51] que son manejados exclusivamente por el elemento esotérico del mismo[52], que nada tiene que ver con el aspecto externo y ritual de la religión, aunque eso sí, siempre respetado.

Lo anteriormente dicho es evidente y fácilmente observable, sin embargo, existen en la historia lagunas, o, me atrevería a decir, errores que confunden u ocultan hechos significativos, que si se evidenciaran nos acercarían objetivamente a la realidad del "Circulo Interno" como motores del devenir humano. Uno de estos hechos acaecidos alrededor del siglo IV a.C., se refiere a ciertas influencias que provocaron uno de los cambios más significativos experimentados en la genealogía de la humanidad, cuyas consecuencias transformaron el pensamiento social en varias regiones del Planeta simultáneamente: China, India, Asia Central, Europa y Egipto. Este giro estuvo dirigido en su origen por el propósito y escuela de Zoroastro quien influyó de manera decisiva en individuos tales como: Lao-Tsé, Confucio, Buda, Pitágoras, Salón, y algunos profetas de Israel[53] del exilio. Todos ellos al plasmar su filosofía y posterior proyección social parecían tener un ideario común: la *auto-realización* del hombre y su *evolución consciente* por medio de su esfuerzo y contacto con la Fuente de Energía del Universo.

Existe una tradición muy antigua que aun hoy se mantiene viva en Asia Central, que habla del contacto entre esos grandes avatares en algún lugar secreto de Irán (antigua Persia) o

---

51 Véase: *Los Sufis*, Idries Shah, editorial Kairós.
52 Véanse los grandes místicos de la Tradición Sufí como buena muestra de ello. Ibn 'Arabi, Salaludin Rumi, Surawardi, Hafiz, Mansur Hallaj
53 Zacarias, Malaquias

Afganistán. Lo que menos importa es si estos hechos son ciertos o no, sino la trascendencia que siempre ha tenido la realidad del Círculo Interno y cómo ha influido en la evolución de la especie humana. La historia pasa por alto este tipo de acontecimientos, y no se molesta en investigar si fueron ciertos o no, o si hubo algún tipo de aproximación o contacto entre ellos, limitándose a las migraciones y rutas comerciales como únicos vehículos de propagación de las ideas y cultura.

Cuando Platón en su *Timéo* relata la historia de la Atlántida, no hace sino plasmar una más de las múltiples leyendas que circulaban en aquella época y que narraban la habida existencia de ciertas civilizaciones pasadas que alcanzaron un grado de conocimiento y desarrollo muy superior al nuestro. Sin embargo, como ya advertí en el capítulo anterior, el fundador de la Academia no fue el único que se refirió a ese hecho, antes y después que él otros muchos ya habían difundido noticias de pueblos que guardaban los secretos de civilizaciones pretéritas y superiores. ¿Qué fundamentos, además del relato de Solón[54], podría tener Platón para arriesgarse a tal planteamiento?

Uno de los detalles que nos llama poderosamente la atención cuando miramos inquisitivamente la historia como nos la han trasmitido, es el hecho de que, de pronto, como surgidas de la nada, de ser gentes de la Edad de la Piedra, aparecen ciertos pueblos con un conocimiento y una capacidad técnica y artística comparable a las épocas más florecientes de cualquier imperio. Pero aún más sorprendente es, encontrarnos ante saltos en el proceso evolutivo natural. Me explico. Si seguimos las pautas de la teoría darwiniana, nos encontramos con que el primer primate con características próximas a los homínidos aparece en la Tierra hace 25 millones de años. El siguiente eslabón lo encontramos en África cuando surge, hace 14 millones de años, el simio homínido, y el sucesor, el simio-hombre hace 11 millones.

---

54 Considerado uno de los Siete Sabios de Grecia.

Pero hasta hace 2 millones de años no encontramos el primer individuo que se pueda considerar como auténticamente humano: el *Australopithecus Avanzado,* y desde éste hasta el *homo erectus* debieron transcurrir más de 1 millón de años, hasta que, por último, para que apareciera el hombre de Neanderthal, aun tendrían que pasar otros 900.000 años.

Entonces, si para evolucionar desde el simio hasta el hombre primitivo hubieron de trascurrir 24.900.000 años, ¿cómo es posible que, de pronto, repentinamente, hace escasamente 35.000 años asomara la cabeza como surgiendo de la nada el *Homo sapiens*, o Cromañón, sin ninguna diferencia morfológica al hombre actual, social, agrícola, ganadero, ceramista, metalúrgico, religioso, y capaz de erradicar de la faz de la tierra a su antecesor y de poblar el planeta desde un extremo a otro?

Estos son hechos antropológicamente constatados, y es por ello, por lo que la ciencia oficial sigue buscando ese "eslabón perdido" que conecte evolutivamente el Neanderthal con el contemporáneo Cromañón. Es posible que ese enlace jamás aparezca, entre otros motivos, porque puede que no exista. Concurren otras muchas posibilidades que justifiquen ese salto, pero la mayoría de ellas se escapan de la "lógica" oficial, y eso no gusta como ya advertí anteriormente, al "mundo académico".

Otro de los aspectos que también nos llama poderosamente la atención al mirar con espíritu crítico la historia, es el florecimiento de culturas altamente refinadas de la noche a la mañana, sin que hubiese un proceso previo de progreso incipiente.

Me estoy refiriendo, por ejemplo, al Egipto predinástico, en torno al 3.600 a.C., en donde no existe el menor rastro de saber ni escritura, y súbitamente, de la noche a la mañana, en la Primera Dinastía en torno al 3.400 a.C., ya poseían una avanzada escritura fonética y culta; y todo ello sin que hubiese un avance gradual de las formas primitivas a modelos más evolucionados. Otro tanto sucedió con otros dominios y artes como la astronomía, la arquitectura, las matemáticas y la medicina, e incluso con la propia religión y su panteón cosmogónico. Lo mismo, casi simultáneamente, o tal vez incluso anterior, en las mesetas de Mesopotamia sucede con la civilización Sumerio-babilónica.

¿Qué hay de común entre estos dos hitos históricos? ¿De dónde provenía esa repentina y sobrehumana ciencia? ¿A qué conocimiento técnico tuvieron acceso para emprender tan magnas obras de ingeniería y arquitectura? ¿Con qué máquinas y herramientas contaban para levantas esas imponentes moles cuando hoy llevaría años de trabajo y el uso de la más avanzada tecnología?

Podríamos aventurar muchas teorías para responder a cada una de las preguntas anteriores, pero no es el caso, lo que se trata aquí es de presentar los hechos históricos que nos conecten con ciertas y muy significativas incógnitas que la ciencia oficial no puede responder, o que lo hace puerilmente. A partir de ahí, iremos enlazando eslabón a eslabón para descubrir, el secreto que subyace en los avances espectaculares que, de tiempo en tiempo y sin causa aparente, se producen en el devenir de la humanidad.

El primero de los relatos que analizaremos, que más profundamente caló en la sociedad y lo sigue haciendo, es el que habla de la existencia de un grupo de personas o un centro de conocimiento y poder oculto, posiblemente en las entrañas de Asia Central u otro lugar de Asia. Según la narración, que nos ha llegado a través de múltiples y muy diferentes medios, los pobladores del centro poseen poderes y conocimientos superiores excepcionales, y actuarían como una especie de "Gobierno Invisible del Mundo", y además son los herederos de un *saber* que se remonta más allá del Diluvio Universal. Lo más intrigante del caso es que leyendas similares las encontraron los descubridores del Nuevo Mundo entre los mayas e incas cuando conquistaron sus imperios, en las que sólo cambiaba la ubicación del Directorio Secreto.

Las narraciones relatan que antes de las aguas cubrieran la mayor parte de la tierra existía una civilización de superhombres que poseían un conocimiento mucho más avanzado que el actual, y que a causa de su propio orgullo y ansias de poder desencadenaron un tremendo cataclismo que los hizo sucumbir. De esa catástrofe sólo se salvaron un reducido grupo de "hombres y mujeres realizados" que preservaron la gnosis. Esas familias que sobrevivieron se ubicaron posteriormente uno, en las tierras altas de Asia Central, y otro en las montañas de México o Perú. Conscientes de lo que el mal uso que de la sabiduría superior había desencadenado, por la negligencia permitiendo que cayera en manos de personas no dignas, los sabios supervivientes decidieron ocultarlo y trasmitirlo solamente a aquellos, que después de un largo entrenamiento y proceso de pruebas demostraran, que eran merecedores de manejarlo y que solo sería usado en provecho del conjunto de la humanidad y nunca en beneficio de un grupo o parte de ella.

¿Qué hay de cierto en todo esto? ¿Se puede tomar en consideración estas narraciones o son simples mitos producto de la fantasía popular?

Sería absurdo rechazar de plano esta tradición oral y escrita, puesto que contamos con numerosos hechos históricos que corroboran la realidad de las afirmaciones, o al menos facilitan pistas muy fidedignas que conducen a ciertos grupos antiguos y actuales que son poseedores de un conocimiento que nada tiene que ver con los procesos científicos o culturales comunes.

Iniciemos nuestro periplo en busca del origen de esta leyenda acudiendo a los relatos que tenemos más a mano, y de los que fundamentan parte de sus creencias tres de las grandes y próximas religiones del planeta: Judaísmo, Cristianismo e Islam. Los hechos nos han sido trasmitidas tanto por la Biblia (Antiguo Testamento: Génesis) como por el Corán, que nos refieren con detalle los acontecimientos previos y posteriores al Diluvio Universal. Veamos qué es lo que nos describen y lo que sucede a partir de entonces.

Génesis: 6. *Había gigantes en la tierra en aquellos días, y también después que se llegaron los hijos de Dios a las hijas de los hombres, y les engendraron hijos. Éstos fueron los valientes que desde la antigüedad fueron varones de* renombre. Y vio Jehová que la maldad de los hombres era mucha en la tierra, y que todo designio de los pensamientos del corazón de ellos era de continuo solamente el mal. Y se arrepintió Jehová de haber hecho hombre en la tierra, y le dolió en su corazón. Y dijo Jehová: Raeré de sobre la faz de la tierra a los hombres que he creado, desde el hombre hasta la bestia, y hasta el reptil y las aves del cielo; pues me arrepiento de haberlos hecho. Pero Noé halló gracia ante los ojos de Jehová. Éstas son las generaciones de Noé: Noé, varón justo, era perfecto en sus generaciones; con Dios caminó Noé. Y engendró Noé tres hijos: a Sem, a Cam y a Jafet. Y se corrompió la tierra delante de Dios, y estaba la tierra llena de violencia. Y miró Dios la tierra, y he aquí que estaba corrompida; porque toda carne había corrompido su camino sobre la tierra. Dijo, pues, Dios a Noé: He decidido el fin de todo ser, porque la tierra está llena de violencia a causa de ellos; y he aquí que yo los destruiré con la tierra. Hazte un arca de madera de gofer; harás aposentos en el arca, y la calafatearás con brea por dentro y por fuera. Y de esta manera la harás: de trescientos codos la longitud del arca, de cincuenta codos su anchura, y de treinta codos su altura. Una ventana harás al arca, y la acabarás a un codo de elevación por la parte de arriba; y pondrás la puerta del arca a su lado; y le harás piso bajo, segundo y tercero. Y he aquí que yo traigo un diluvio de aguas sobre la tierra, para destruir toda carne en que haya espíritu de vida debajo del cielo; todo lo que hay en la tierra morirá. Mas estableceré mi pacto contigo, y entrarás en el arca tú, tus hijos, tu mujer, y las mujeres de tus hijos contigo. Y de todo lo que vive, de toda carne, dos de cada especie meterás en el arca, para que tengan vida contigo; macho y hembra serán. De las aves según su especie, y de las bestias según su especie, de todo reptil de la tierra según su especie, dos de cada especie entrarán contigo, para que tengan vida. Y toma contigo de todo alimento que se

come, y almacénalo, y servirá de sustento para ti y para ellos.
Y lo hizo así Noé; hizo conforme a todo lo que Dios le mandó.
Diluvió sobre la tierra durante cuarenta días; las aguas iban
creciendo y levantaron en alto el arca por encima de la tierra.
(Génesis, 7)

En el Corán encontramos alusiones en la Sura 71 completa, y en diferentes y numerosas Aleyas de otras muchas Suras[55].

Sin duda Noé no solo embarcó en el arca a su familia a los animales, sino también gran parte del conocimiento acumulado por la humanidad hasta aquel momento, y que trasmitió a su descendencia[56].

El Génesis sigue contándonos: Génesis 11

Todo el mundo era de un mismo lenguaje e idénticas palabras.
Al desplazarse la humanidad desde oriente, hallaron una
vega en el país de Senaar y allí se establecieron.
Entonces se dijeron el uno al otro: «Ea, vamos a fabricar
ladrillos y a cocerlos al fuego.» Así el ladrillo les servía de
piedra y el betún de argamasa.
Después dijeron: «Ea, vamos a edificarnos una ciudad y una
torre con la cúspide en los cielos, y hagámonos famosos, por
si nos desperdigamos por toda la faz de la tierra.»
Bajó Yahveh a ver la ciudad y la torre que habían edificado
los humanos, y dijo Yahveh: «He aquí que todos son un solo
pueblo con un mismo lenguaje, y este es el comienzo de su
obra. Ahora nada de cuanto se propongan les será imposible.
Ea, pues, bajemos, y una vez allí confundamos su lenguaje, de
modo que no entienda cada cual el de su prójimo.»

---

55 Véanse las Suras: 3-4-6-7-10-11-14-17-21-22-25-26-29-33-37-38-40-42-50-51-53-54-57 y 66.

56 No toda la descendencia se benefició del conocimiento secreto, Noé maldijo a su hijo Cam, lo que significaba privarle de los privilegios hereditarios, y entre ellos el del secreto salvado del Diluvio.

Y desde aquel punto los desperdigó Yahveh por toda la faz de la tierra, y dejaron de edificar la ciudad.
9 Por eso se la llamó Babel; porque allí embrolló Yahveh el lenguaje de todo el mundo, y desde allí los desperdigó Yahveh por toda la faz de la tierra.

Es probable que a partir de este momento los poseedores de la sabiduría se limitaran a trasmitirlo exclusivamente a una limitada colectividad de hombres rectos que se proclamarían Sumos Sacerdotes (Custodios de la Tradición), y que desde su "Centro" mantendrían la herencia del saber y la responsabilidad de educar y transmitir, entre otros a los Patriarcas del Pueblo Elegido[57]: Abraham, Isaac, Ismael, Jacob, Levi, Moisés, Melquisedec, Samuel, Saúl, David, hasta llegar a Salomón. Cualquiera de ellos fueron hombres dotados de poderes sobrenaturales y con una gran capacidad para obrar "milagros", ¿no es de sentido común suponer que tales facultades fueran desarrolladas gracias al conocimiento que les fue trasmitido? Existe una leyenda[58] ampliamente difundida desde oriente a occidente, que nos habla de que Salomón conocía el Nombre Secreto de Dios, una palabra tan poderosa que su uso le daba potestad para gobernar los elementos de la naturaleza e incluso la capacidad creadora. Se dice, que su poder de este Nombre no es solamente espiritual, sino también material, y que en sí misma encierra el secreto de la Creación. Este misterioso y poderoso Atributo Divino lo dejó impreso en clave sobre cierto tablero conocido como la Mesa de Salomón, de la que aventureros, religiosos, reyes, papas, gobernantes, militares, organizaciones secretas, católicos, judíos y musulmanes en todos los tiempos han seguido la pista a esta "herramienta mágica" para dominar el mundo.

---

57 Primer "Pueblo del Libro", según el Islam, y del que son descendientes las tres grandes religiones de occidente: Judaísmo, Cristianismo e Islam.
58 Incluso en el Sagrado Corán existen numerosas referencias a los poderes sobrenaturales de Salomón.

Es de imaginar, que después del rey Salomón con la fractura de su reino, las huellas de tal sabiduría se diluyen, ya que como dijimos en el capítulo anterior, finalizada una determinada fase el "Centro" se escinde en sus tres aspectos: asimilado, ortodoxo y esotérico; y se mantuviera así hasta la siguiente época en la que correspondiera dar otro salto en la evolución.

Las huellas de la Sabiduría Oculta no se restringen a una civilización o continente, al otro lado del Atlántico las referencias son tan abundantes y ricas como en éste. Así pues, el Popol Vuh, libro sagrado de los indios quichés[59], encontrado por los descubridores de América, y cuyo origen se pierde en la noche de los tiempos, nos relata hechos muy próximos al Génesis. Y dice así:

> *[...] Existieron y se multiplicaron; tuvieron hijas, tuvieron hijos; pero no tenían alma, ni entendimiento, no se acordaban de su Creador, de su Formador; caminaban sin rumbo. Ya no se acordaban del Corazón del Cielo y por eso cayeron en desgracia [...] De seguido fueron aniquilados, destruidos y deshechos y recibieron la muerte. Una inundación fue producida por el Corazón del Cielo; un gran diluvio se formó, que cayó sobre las cabezas de aquellos.*

No es de extrañar que los pueblos americanos antiguos también tuvieran contacto con los "dioses", como hemos podido conocer a través de las civilizaciones misteriosamente surgidas y desaparecidas; venidos de Dios sabe dónde, y que en consecuencia tuvieron gnosis a su sabiduría en época antediluviana. Al igual que en el Génesis, una única familia se salvó de la catástrofe preservando lo que era bueno de aquella civilización. Sin duda, ese "conoci-

---

59 El «Popol-Vuh» es una recopilación de narraciones míticas, legendarias e históricas del pueblo quiché, antecedente del guatemalteco y centroamericano. El libro, de gran valor histórico y espiritual, ha sido llamado Libro Sagrado o la Biblia de los mayas. Está compuesto por una serie de relatos que tratan de explicar el origen del mundo, la civilización, diversos fenómenos que ocurren en la naturaleza, etc.

miento secreto" fue el impulsor de culturas tan misteriosas y de súbita generación como la maya, chimú e inca; y si no, de dónde iban a surgir tales pueblos que de la noche a la mañana poseían un conocimiento y ciencia que hizo palidecer a los primeros exploradores. Es difícil no aceptar la posibilidad de la existencia de una civilización altamente avanzada anterior al Diluvio, argumentos no faltan[60], y pruebas encontramos en toda la geografía del planeta.

Volvemos a referirnos una vez más a uno de los relatos más antiguos y que nos conduce nuevamente a la Mesopotamia del pasado. Las tablillas sumerias en las que se relata la vida del gran héroe Gilgamesh, y el relato que éste hace del rey Utnapishtin, que gobernó a su pueblo antes del Diluvio y del que sobrevivió conservando el "conocimiento de los sabios de la época anterior".

También en nuestras antípodas, los aborígenes australianos relatan que tras la gran lluvia que asoló su continente, unos pocos hombres buenos encabezados por Pund-Jil se salvaron del exterminio guardando para sí el gran saber de los ancianos. Los chinos, en su "Libro de Todo Conocimiento", relatan la rebelión de los hombres contra los "dioses", y como éstos los aniquilaron con grandes catástrofes e inundaciones. También tenemos claves en Egipto pre faraónico con el dios Tem como responsable del Diluvio que asoló la tierra y las criaturas que en ella vivían hasta entonces. Los incas en sus historias hablan de cuando "el agua subió por encima de las montañas más altas del mundo, pereciendo toda persona y todas las cosas creadas: Nada escapó a excepción de un hombre y una mujer, que flotaron sobre el agua y así se salvaron."

Podríamos seguir enumerando referencias, existen más de 400 leyendas del Diluvio Universal, las encontramos en los relatos de todos los pueblos y continentes, pero no es el caso ya que nos desviaríamos del objetivo central de este trabajo:

---

60 Véanse las investigaciones recientes realizadas por Graham Hancoock expuestas en sus libros: *Las Huellas de los "dioses"* y *La búsqueda del Santo Grial*; y Richard Ellis, *La búsqueda de la Atlántida*; por no citar otros muchos autores e investigadores.

¿Qué es lo que salvaron de la civilización anterior los supervivientes del Diluvio?

El primer detalle coincidente en todos los relatos de la catástrofe es que los pueblos sucumbidos habían alcanzado un alto grado instructivo y técnico, y que sus poseedores dominados por la arrogancia y orgullo quisieron equipararse a sus "dioses" revelándose contra ellos. Esta fue posiblemente la causa por la que fueron aniquilados.

¿Cómo es posible que unos humanos llegaran a tal grado de soberbia de querer igualarse o elevarse por encima de Dios? No cabe duda de que la ciencia adquirida y en consecuencia el poder alcanzado superaba los límites de lo humano y eso fue su perdición.

La segunda similitud es la regeneración de la humanidad tras la catástrofe universal: se escoge a una pareja, familia o pequeño grupo como los encargados de repoblar la Tierra, con la advertencia (en casi todos los casos) de un nuevo cataclismo si no hacen buen uso de la oportunidad y de lo aprendido. Esto nos lleva a pensar, que los supervivientes, controlaron responsablemente el conocimiento previo, conservándolo para sí y para aquellos de sus descendientes intachables. Es posible, que supieran que ciertos secretos de su dominio podrían perturbar la mente de aquellos que no estuvieran preparados para administrar sabiamente el legado, y en consecuencia volver a caer en la soberbia como sus ancestros.

Una vez que "la tierra se hubo secado", los seleccionados iniciaron la tarea de repoblar y educar adecuadamente a su descendencia, manteniendo oculto y silenciado aquello que otorgase demasiado poder, entregando únicamente las "herramientas" mentales y técnicas que ayudasen a un desarrollo armónico. El plan aparentemente estaba trazado para volver a colocar a la humanidad en el punto evolutivo que le correspondía, y los responsables de custodiar el conocimiento secreto. Y así sus profetas y guías, lo preservarían para ir entregándolo a medida que el grado de madurez del pueblo creciera.

Los *custodios del secreto* sabían que la gente no era capaz por sí misma de administrar adecuadamente esa gnosis, por lo que idearon un medio para trasmitir los misterios: la religión, y mas concretamente, el aspecto esotérico de la misma.

Etimológicamente religión significa reunión, vuelta a la unión o volver a unir; es el código o sistema que permite restablecer el vínculo entre los humanos y su dios (el dios de sus creencias). Pero como en todo lo que el hombre vulgar interviene, en poco tiempo, la propia religión, se deterioró y perdió su sentido esencial quedando tan solo el aspecto ritual y folclórico. Pero como ya advertimos, los *custodios* supieron preservar el elemento ortodoxo[61] que mantiene la pureza del mensaje y la idea original para lo que se instauró, creándose así el núcleo esotérico de las religiones. Estos grupos que preservaron (y preservan) la pureza, o mejor dicho, los contenidos prácticos y útiles (técnicas y métodos) para reconectar al individuo con la Fuente del Conocimiento, los encontramos en todas las religiones del mundo y en todos los tiempos pasados y presentes. Da igual la religión que investiguemos, todas ellas tuvieron y tienen entrañas esotéricas y custodios de los secretos originales. Sin embargo, es posible que hoy en día, incluso la mayoría de esos círculos internos hayan perdido el contacto con la Realidad Superior y se hayan quedado como el caparazón, como el capullo de una crisálida, desprovistos de vida y valor real; aunque como referencia de lo sucedido nos pueda servir en este momento.

Educar y enseñar no es una labor que se realice improvisadamente y de la noche a la mañana, y menos aun tratándose del conjunto de la humanidad. El proceso de aprendizaje lleva implícito un recorrido que va desde la ignorancia (lugar que ocupan la mayoría de los hombres), a saber que se ignora (que muy pocos lo

---

61 Entendiendo ortodoxia como lo original, lo auténtico, aquello que mantiene contacto con las fuentes; nunca como literal o fanático.

saben). Una vez alcanzado este estadio debe surgir la necesidad de aprender aquello que se desconoce, y a partir de ese momento, iniciar la ardua tarea de aprender. El fin del aprendizaje ocurre cuando lo aprendido pasa a formar parte integral de la persona y se exterioriza como algo natural e innato. Esta dinámica que individualmente puede llevar toda la vida en la mayoría de las personas, planetariamente supone siglos y generaciones hasta que la sociedad global incorpora, absorbe y opera inconscientemente, es decir, de forma natural con el nuevo paradigma.

Hay que mencionar, que desde que un miembro (profeta, guía, maestro) del Circulo Interno inicia su labor difusora para elevar el nivel de evolución de un sector determinado de la sociedad, de un pueblo, o una cultura, hasta que ésta comienza a ver los frutos transcurren varias generaciones. El motivo no es otro que la limitada capacidad que tiene el hombre común para aceptar los cambios. El refrán castellano: "Más vale malo conocido que bueno por conocer", está profundamente arraigado en la mente de la gente que se niega a abrirse a nuevas experiencias sean éstas de la naturaleza que sean. Solamente los locos, temerarios y despreocupados son los que se atreven a probar nuevas rutas, pero únicamente aquellas que les proporcionen un placer inmediato, lo que nuevamente conduce al fracaso, al vicio o a la degradación. La novedad que suponga un esfuerzo, una disciplina y un sacrifico se rechaza por ser contrario al bienestar que desde los poderes fácticos se impulsa y se impone. Esta actitud humana frena cualquier proceso por beneficioso que sea. Sabido esto, solamente con el conocimiento que poseen los Custodios es posible introducir poco a poco los elementos y detonadores necesarios para que los cambios se produzcan, aunque sea a largo plazo.

Es muy frecuente encontrar a los "pensadores" y eruditos vacíos de experiencia, que argumentan que, si ese conocimiento secreto que manejan los elegidos es tan beneficioso para el hombre, cómo es que no se hace asequible al público abiertamente. Su propia estupidez los ciega, no se dan cuenta de que no se puede entregar a un niño un arma que tiene un poder ilimitado. ¡Señores! primeramente, hay que prepararlo física y psicológicamente, ha de madurar para que pueda usarla adecuadamente y sin peligro para él y para los demás. La naturaleza humana en el hombre vulgar es tan ruin, que en el momento que detectara que otros poseen algún tipo de hegemonía que a él le falta se revelaría, se enfrentaría, pelearía para proclamarse dominador del mundo.

Esto no es nuevo, ha venido sucediendo desde tiempos remotos. Ningún profeta o avatar lo ha tenido fácil; los detractores y enemigos de quienes quieren la libertad interior –que es la única verdadera e importante–, siempre los han acosado y traicionado. De todas las iglesias y credos han surgido cismas y sectas, unas veces buscando el influjo que otros ostentaban, para evitar el deterioro al que conducían los líderes. Las luchas intestinas por uno u otro motivo han estado presentes en la historia de todas las confesiones religiosas. Estas facciones que en ocasiones llegaron a ser predominantes en la sociedad, han sido y en parte son, las que frenan o intentan impedir de forma consciente o inconscientemente, que el Circulo Interno introduzca los elementos que acelerarían el desarrollo, abriendo la conciencia del hombre a *otras realidades*. Esos poderes mediáticos, políticos y religiosos de turno se mantienen permanentemente en guardia lanzando sus huestes en defensa de sus torres de influencia y dominio que un día usurparon. En el momento que estos estamentos se sienten amenazados por la pérdida de credibilidad o capacidad de subyugación de los súbditos, en el instante que detectan el menor movimiento evolutivo en la conciencia del hombre, se lanzan cual jauría procurando abatir, neutralizar y marginar a los impulsores del movimiento. Su lema es: "Si no podemos ser los dueños y señores del Conocimiento Secreto, no permitiremos que nadie tenga acceso a él." Este es el motivo de la sutil y discreta actuación de los Custodios, no quieren que algo tan valioso y que requiere de tan grande esfuerzo para su propagación pueda ser intervenido e interferido por los buitres despóticos. El Conocimiento debe ser sembrado en tierra fértil, para que enraíce y brote como si se tratara del propio proceso de crecimiento natural de la humanidad.

Por otra parte, resulta curioso que las revelaciones o el resurgir, más o menos público, de los "Custodios del Secreto" no sean permanentes, sino que de tiempo en tiempo salgan a la luz y de nuevo se esfumen como tragados por la tierra. Ésta es precisamente una de sus particularidades[62], y que es viable inquirir a través de los acontecimientos, aparentemente, comunes como resurgen en la sociedad, y como posteriormente de nuevo se sumergen. Y no es que se disuelvan, sino más bien se silencia –como los árboles en invierno cuando parecen marchitos—lo que sucede es que pasa a una nueva etapa sabiamente proyectada. Así pues, la operación toma tres vertientes en su fase de ocultación: la primera, se fusiona dentro del tejido cultural de la época; otra vertiente permanece intacta como una faceta escrupulosa dentro de medio; y una tercera se aísla y vela esperando el momento de un nuevo resurgir.

Comúnmente no resulta fácil detectar las acciones de los Custodios ya que, como la mayor parte de sus operaciones, y sus componentes, son absolutamente cautelosos y discretos. No obstante, de su implicación estrecha, si bien no abierta, en el acontecer de las culturas y sociedades en las que interviene. Las maniobras ejecutivas están destinadas a perturbar determinados aspectos específicos para estimular su metamorfosis o evolución.

Es necesario constatar, que los componentes de "Circulo" no operan únicamente en las áreas trascendentes o espirituales, sino que también lo hacen en áreas como el arte en todas sus facetas —pintura, música, danza, literatura—, en las ciencias en general —física, química, medicina, astronomía—, arquitectura, etc., y todo ello llevado a cabo paralelamente y en diferentes vanguardias.

---

62 "Cuando el trabajo finaliza, el taller se desmonta." Véase: Masnawi, Jalaludín Rumi.

El programa y plazos de cumplimiento del Directorio, no puede medirse en tiempo terrestre, sino que está ajustado a otros ciclos de orden superior y cósmico[63], que solo pueden identificarlos aquellos que conocen su dimensión. Es decir, el Directorio tiene un "Plan" un designio que se debe cumplir en un período cósmico y que afecta a todos los seres de la creación. Cuando se inicia un proyecto de transformación socio-evolutivo como parte del "Propósito", no lo hacen apresurados en alcanzar un efecto inmediato, *cada cosa a su tiempo, y un tiempo para cada cosa*. Saben que las prisas no son buenas compañeras, y no resuelve nada, sino que actúan de forma que las creencias, valores, principios, y técnicas impregnen a la sociedad poco a poco y produzcan los frutos adecuados en el momento oportuno. De ahí la máxima de la Tradición: "Momento, lugar y personas". Esta dilación conlleva un alargamiento temporal que cubre unas cuantas generaciones hasta que el cambio se revela en toda su extensión. No es de extrañar, por lo tanto, que historiadores, investigadores u espectadores ignaros sean incompetentes para apreciar lo que está acaeciendo ya que se circunscriben a las causas contingentes e inmediatas de los hechos, y los medios de transmisión más obvios.

Para comprender un poco mejor la dinámica de difusión y el "Plan" al que nos estamos refiriendo, analizaremos sucintamente alguno de los momentos claves en la evolución de la humanidad. Antes conviene señalar, que cuando en determinada zona geográfica se inicia un cambio, éste no se presenta aisladamente, sino que simultáneamente están sucediendo movimientos similares en muchos otros lugares. Tal vez no se vea su conexión, pero en los planes del "Directorio" sí que existen.

Tras el auge de los primeros siglos del cristianismo, y su impacto cultural en occidente especialmente en la cultura greco-romana y en general el todo occidente, se hacía patente su declive y desconexión con los auténticos valores y fines del men-

---

63 Véase: *El pueblo del secreto*, Ernest Scott, Editorial Sufi

saje de Jesús de Nazaret. En torno al Concilio de Nicéa celebrado en el año 325 de nuestra era, el Imperio Romano Cristiano había sido desvertebrado: su capital trasladada a Constantinopla, sus sabios, filósofos, legisladores y artistas dispersados por todo el Mediterráneo y sin apenas contacto con las directrices evolutivas y los principios religiosos.

Sin embargo, mientras este declive ocurría, el "Circulo Interno" seguía operando e introduciendo los elementos que pudiesen reconducir el Plan. Tanto en un extremo como en otro de la cristiandad, la tercera facción del "Círculo", el elemento esotérico, proseguía su penetración y actividad en diferentes lugares. Así, desde Irlanda, donde se integran y expanden junto a la Iglesia Celta de la mano de San Patricio. En Persia, con el reformador Manes que reaviva la llama recuperando los principios de la dualidad procedentes de las manifestaciones originales de Zoroastro. Por otro lado, y como depositarios de las corrientes internas de los "Custodios", tenemos a los gnósticos que se adaptan a cada uno de los entornos geográficos en los que se asientan. No se trata en ningún momento de recuperar o restablecer el cristianismo primitivo, sino de trasmitir los conceptos, valores e ideas universales presentes y vivos desde la remota antigüedad que siempre han sido custodiados por el "Círculo Interno". Así pues, se imponía una unificación. Creencias y religión, por un lado, ciencia y desarrollo por otro, arte y cultura por otro; nada trascendente para la humanidad podía traer tal dispersión y falta de unidad en la dirección.

Para que un individuo evolucione se requiere armonía: intención, dirección y acción conjunta; un crecimiento simultáneo y coordinado en todos los aspectos de la naturaleza humana: físico, mental y espiritual. Lo mismo sucede a gran escala planetaria, y por tanto, cuando el "Directorio" detecta los primeros síntomas de diáspora interviene para reconducir el Plan.

Era pues necesario provocar una revolución en la humanidad que integrara, coordinara y manejara adecuadamente todos los órdenes de la vida, y entonces aparece en escena un nuevo avatar: el Profeta Mohamed. El terreno había sido preparado algunos siglos antes, de forma que la acción de este elegido fuese eficaz y expansiva desde el primer momento que iniciase su vida pública. Ya desde niño, el Profeta, fue iniciado e instruido de forma misteriosa desde que vivía en el desierto con su nodriza[64]. Más tarde a la edad de nueve años mientras viajaba en una caravana hacia Siria con su abuelo, entra en contacto con un místico anacoreta[65] que le trasmite ciertos conocimientos secretos, y posiblemente también le entrega unos manuscritos muy antiguos reservados exclusivamente para él.

Cuando por mediación de Ángel Gabriel le fue revelado el libro Sagrado del Corán se inició una nueva y revolucionaría etapa para humanidad. El texto sagrado contiene tantos enigmas y claves que la gente común se limitó a aceptar en su literalidad y adoptar sus principios sin entenderlos en la mayoría de los casos. Sin embargo, en Profeta Muhammad se cuidó muy bien de seleccionar a un reducido grupo de compañeros[66] a los que trasmitió los secretos que escondía el Libro además de ciertas técnicas y ejercicio, que sin duda procedían de sus frecuentes encuentros con Gabriel. Podríamos decir, sin temor a herrar que esos "círculos" íntimos del Profeta fueron el origen del sufismo actual y el vigente grupo de Custodios.

No podemos perder de vista, que en el occidente cristiano, más o menos por la misma época de la revelación del Sagrado Corán, otro hito histórico estaba teniendo lugar comenzando a surgir el monacato. La confesión y sentimiento de monje en el cristianismo florece en Egipto entre los siglos III y IV, con Pablo

---

64 La costumbre de los más honorables de la tribu de Quraysh era enviar a sus hijos con niñeras beduinas con el propósito de que crecieran libres y saludables en el desierto, para poder también robustecerse y aprender de los beduinos, que eran reconocidos por su honradez y la carencia de numerosos vicios, y Mahoma fue confiado a Bani S'ad.

65 Bahira o Bouhayra (Baḥīrā), conocido en latín como Sergio (Sergius), fue un monje sirio nestoriano, del gnosticismo maniqueo o, según otros, nasoreano del siglo VII.

66 40 en Medina y 40 en Meca

Ermitaño y Antonio Abad (considerados los primeros monjes cristianos), dando lugar a las primeras comunidades de "ermitaños" los llamados Padres del desierto, quienes renunciaban al mundo material con el fin de seguir una vida de ascetismo y contemplación, orientada hacia lo divino. En su origen el monacato era de religiosos ascéticos y solitarios, después los cenobitas se fueron agrupando en comunidades, y fue San Pacomio quien redactó la primera regla para anacoretas, y fue cuando los frailes comenzaron a reunirse en monasterios. El monacato fue exportado desde Egipto al resto del mundo cristiano. A partir del siglo V se difundió en Occidente, uno de los aportes más ricos de la Edad Media, teniendo gran repercusión la Regla de San Benito.

Estos primeros conventos cubrían varios cometidos más allá de transformar la vida de los eremitas en cenobitas y, que pudieran sobrevivir de manera más completa su dedicación a Dios. Uno de esos cometidos adyacentes era el de preservar los textos que alguno de ellos tenía en su poder y que contenían enseñanzas, escritos y evangelios, todos ellos de gran valor. Otras de las funciones era la de copiar, traducir, restaurar, los textos que llegaban a sus manos. Téngase en cuenta que tanto los primeros religiosos, como las primeras abadías estuvieron ubicados en Oriente próximo, es decir, en medio de la ruta que conectaba Arabia y Egipto con Persia y Asia Central, la vía que cruzaba desde el Occidente cristiano al Extremo Oriente. Así pues, tanto los Primeros Padres de la Iglesia, como los incipientes noviciados, estaban en contacto y comunicación con las caravanas y peregrinos, sabios, filósofos, derviches y Sufis que desde unos años después del 628 venían haciendo la peregrinación a la Meca los musulmanes de todo el mundo.

De nuevo, el Plan estaba operando, creando las circunstancias para que todo encajara y la humanidad experimentara otro avance. Las caravanas que viajaban de occidente a oriente, por la Ruta de la Seda, trasportaban no solo mercancías, sino información y cultura. Las rutas de peregrinación, como el Camino de

Santiago dirección a la Península Ibérica, Tierra Santa dirección al oriente Mediterráneo, Canterbury en Inglaterra, la Meca en Arabia, Mashhad en la antigua Persia, las romerías a Chardham Yatra o fuentes del Ganges en la India; además de los mausoleos, tumbas y ermitas de santos y mártires, que conectaban los cul-tos y a los místicos de uno y otro extremo del mundo. Son bien conocidos los viajes a Oriente de San Francisco de Asís y su con-tacto con el Islam, de Ramon Llull, del contemplativo musulmán Ibn 'Arabi desde su tierra natal (Murcia) al Próximo Oriente, y grandes viajeros y comerciantes como Marco Polo, Brandán de Clonfert, Nicolo dei Conti, Ruy González de Clavijo y Ibn Battuta, entre muchos otros.

Así pues, podemos observar, que ciertamente los "Custodios" se han manifestado en todas las épocas de variadas formas; unas veces de modo más público que otras, pero siempre, han dejado marcas, señales en el camino para que cualquier buscador sincero y comprometido pueda encontrar la "puerta". Fácilmente llegamos a comprender que no es que quieran mantenerse ocultos, rodeados de un hálito de misterio, sino que por simple precaución, ya que su gnosis pueden ser mal empleados, y en consecuencia perjudicial para la *humanidad dormida*. De ahí el conocido aforismo: "Cuando el discípulo está preparado aparece el maestro."

Tengamos en cuenta, que los Custodios no son hombres vulgares, poseen facultades más allá de las que puedan disponer los preclaros e ilustres de entre los mortales. Tales capacidades son las que le habilitan para intervenir competentemente en el lugar, en el momento y, sobre las personas que estimen necesario. Porque la "puerta" de acceso al "Circulo Interno" no es pública sino selectiva; pues están lo que quieren, los que pueden, los que deben.

Una importante indicación referente al último párrafo. Los que deben son aquellos que por cualidades innatas están destinados a ejercer determinada influencia, o función, en la sociedad en beneficio de la evolución humana. Y en consecuencia, los Custodios los localizan, donde quiera que estén —tienen sus medios para ello—.

Tal vez, estos hombres y por supuesto mujeres, a lo largo de su vida no se hayan cuestionado jamás nada que tenga que ver con lo trascendente, pero, sin embargo, estos individuos serán atraídos de un modo u otro, y acabaran siendo miembros activos de la Tradición para cumplir la misión para la han sido creados.

Otro de los grupos de buscadores es el de los que pueden, estos son aquellos sujetos que han escuchado su voz interior: ¿Quién soy realmente? ¿Cuál es el sentido de mi vida? ¿De dónde vengo? ¿Qué hay más allá de la muerte? ¿Existe el Más Allá? Y sinceramente responden a su demanda. Buscan las respuestas a estas y otras muchas preguntas sobre la trascendencia del ser humano. Esto supone el abandono de los paradigmas y términos de referencia que lo mantienen enganchado al mundo material y hedonista, comenzando una batalla contra su propio ego. Ahí, es "Cuando —*si…*—el discípulo está preparado aparece el maestro."

Por último, está el grupo de los que quieren, este no tiene cabida en la élite de "Circulo" a no ser que la "Luz" les penetre y transforme. Son los simples buscadores de lo fantástico, de lo mágico, los eruditos e intelectuales que pretenden alcanzar la Realidad por medio de la razón; sin darse cuenta de que la razón solo les conducirá al límite de la misma, que más allá tienen que abandonar sus viejas creencia y teorías para penetrar en el mundo de lo alegórico, de las alusiones, y como decía el Sheik al Akbar, el Mundo de la Imaginación Creadora. Esta colectividad no busca su trasformación, sino engordar su ego más aun de lo que ya lo tienen, su pretensión es simple y llanamente acumular información que le de prestigio e influencia. Es francamente difícil, que estos personajes lleguen a encontrar la puerta, pues teniéndola delante de sus ojos no la verán.

Dónde Están los Custodios del Secreto

VI.
DÓNDE ESTÁN LOS CUSTODIOS DEL SECRETO

l abordar esta última parte del libro me viene a la mente una historia que bien podría resumir nuestra búsqueda. No sé cómo rotularla pues quien me la narró hace bastantes años no mencionó su título, aunque eso importa poco.

Cerca de aquí, había una vez una ciudad gris y contaminada, en la que apenas se veía el cielo y mucho menos el sol. Grandes edificios de departamentos, empresas, escuelas, comercios e industrias de todo tipo abarrotaban sus calles. La metrópoli se caracterizaba por la cantidad de material tosco que allí había, tanto de naturaleza física como humana. Se trataba del emporio económico. Los valores que dominaban eran la importancia personal y el éxito; el culto al cuerpo y hedonismo en general era lo primaba, sin embargo, la mayoría de los habitantes se consideraban frustrados, hundidos y deprimidos. La delincuencia reinaba por doquier y nadie podía estar seguro ni a salvo del engaño, la mentira, la estafa u otros hechos criminales; ese era el caldo de cultivo propicio para una infinita variedad de enfermedades, incluyendo algunas degenerativas, letales y endémicas, lo que obligaba a muchas personas a ocultarse tras mascarillas o permanecer aisladas. Allí era común que la gente viviera atemorizada y suspicaz, todos desconfiaban de todos, incluso de los que se decían amigos y hasta de los familiares. La urbe en cuestión era lóbrega y tenebrosa. Escaseaban la energía y la luz disponibles. La gente se cruzaba a media luz y no podía ver con facilidad a los demás. Como paliativo no para inadvertidos, idearon diversas formas exageras de atuendo y conducta. Si alguien preguntaba quién era el líder, la respuesta era: «Aquí no manda nadie, somos todos libres, seguimos nuestros propios principios. Nadie nos controla. Así son las cosas y ya está.»
En los primeros años me resultó atrayente la ciudad, a pesar de su oscuridad, sus luces de neón, su alboroto, su bullicio, su desenfreno, me cautivaron. Pretendía ser un espectador ajeno a ese devenir histérico e histriónico, aunque si percatarme me fui implicando cada vez más. En un momento de reflexión todo aquello me produjo un cierto hastío y quise probar otra forma de vivir, o tal vez necesitaba cambiar algo en mi interior, sin embargo, tal vez por pereza, negligencia o qué sé yo, por mucho tiempo no hubo ningún cambio.

Cierto día se me ocurrió preguntarle a una persona de por allí:

—¿Soy el único que piensa que las cosas no están bien, que hay algo más que sobrevivir como zombis? o ¿Hay otras personas que no están conformes y piensen lo mismo?

—Por supuesto, debe haber más, de hecho, todos nos quejamos. —Contestó. —Pero así es la vida. Eso es lo que hay, no tenemos más remedio que acomodarnos a la realidad. ¿Para qué quejarnos, o para qué protestar? Y continuó: —Si tan necesitado de cambio estás, te puedo decir que hay un barrio donde puede encontrar gente que piensa del mismo modo que tú.

Mi interlocutor me orientó hacia donde se encontraba esa comunidad que se llamaba Insatisfacción. Me trasladé hasta allí y conocerla resultó que sus habitantes no se diferenciaban de los de la gran urbe, la única discrepancia era que sentían una insatisfacción y remordimientos por algunas de sus comportamientos. Entre ellos había bastantes orgullosos, vanidosos, arrogantes, envidiosos y sujetos poco sinceros a quienes les encantaba tener siempre el control y llevar la razón. Llegué a conocerlos bien, sus egoísmos y dudas, sus obsesiones y vacilaciones, sus remordimientos, y su inevitable aceptación de sus debilidades.

A varios les pregunté:

—¿Por qué no cambia la gente? ¿Por qué sólo piensan en hacerlo, pero no lo hacen nunca? ¿Por qué no tenemos en cuenta a donde conduce todo esto?

Supe, que tal vez por pura casualidad, algunos habitantes del lugar tropezaron con la salida de la metrópoli y desembocaron en una urbanización llamada Fraternidad. Tal vez la descubrieron por suerte o por abatimiento. Al acercarme a ella pude leer un anuncio en la puerta que decía: "El Hálito divino en todos nosotros."

Este complejo era la sede del Señor Fraternidad. Este sitio reunía a muchos tipos de personas y todas encontraban su forma de conectar, celebraban fiestas con bailes y canticos. Los abrazos y deseos de amor y paz eran sus formas favoritas de relacionarse. Cualquier visitante era agasajado y tratado con amabilidad y cortesía. Los ancianos eran respetados y cuidados con delicadeza. Allí se realizaban todo tipo de actividades y trabajos artesanos y ecológicos. Cada persona valoraba su trabajo por lo que este significaba para el todo, y todos tenían algo en qué trabajar pues se consideraban necesarios para los demás. Pero sobre todo, lo que generaba este espíritu fraternal era el amor totalmente irracional e inmenso que todos sentían por el Señor Fraternidad. Quienquiera lo conocía deseaba unirse al lugar. Su contraste con los pobladores de donde salí, es que aquellos nada más se movían por puro egoísmo. Esta comunidad actuaba un tanto descabezadamente, pues daban lo mejor de sí sin esperar nada a cambio, vivían en una nube de afecto, pasión y camaradería. Las diferencias sociales, económicas, raciales o culturales carecían de importancia y su unión a todos los niveles sobresalía. La asistencia y el servicio a los demás, era agradecido y reconocido. No puedo negar que me sentía a gusto, cómodo y relajado, incluso feliz.

Sin embargo, a pesar que vivía plácidamente, algo dentro de mí comenzó a inquietarse, y experimentar cierto desasosiego. Fue entonces cuando conocí a un veterano, tal vez octogenario, rebosaba vida y ternura, y cuando me dio ocasión le pregunté:

—Quizá usted me pueda ayudar. Me siento como si hubiese olvidado mi auténtica necesidad, lo que ando buscando.

—Me preguntó:

—¿Qué es lo que anhelas en lo más profundo de tu alma?

—Cuando me encontraba extraviado en la Gran Urbe había arrinconado la amistad. Cuando llegué a Fraternidad, sentí que no había nada mejor que estar aquí, pero ahora lo pongo en duda. —añadí

—Más allá de esta urbanización estimado amigo, hay un territorio que puedes visitar —dijo, —No te preocupes, puedo llevarte fácilmente hasta allá. En ese lugar encontrarás, si Dios quiere, cuatro tipos de personas: primero están los Aspirantes. Los encontrarás estudiando y hablando acerca de la Verdad, incluso ejercitando la meditación y posturas de adoración, pero sus sentidos y pensamientos están frecuentemente en otra parte. Y sin embargo, están practicando los senderos y las vías del amor como si lo conocieran, y esto al final los favorecerá. Están aprendiendo los Nombres y Atributos del Uno. Dios quiera que su esfuerzo se vea recompensado.

Luego están los Discípulos. Ellos practican el Trabajo Mayor, la lucha contra el ego. Son callados, agradecidos, y corteses. Sus actividades, normalmente son los actos sencillos de la vida, la oración y el servicio espontáneo. Se han desposeído de las falsedades del ego y sus muchos deslices. Sus egos han sido sometidos por el amor, por la sumisión y el aprendizaje del servicio a Dios. Si los localizas permanece con ellos bastante tiempo para aprender paciencia, disciplina y constancia.

En tercer lugar encontrarás, con la ayuda de Dios, los Caballeros del Recuerdo. Ellos rememoran al Uno interiormente en todo lo que hacen. Comen poco, duermen y hablan poco para no distraer al otro de la presencia del Uno. Son las personas más fáciles de tratar; nunca son una carga para nadie. Si pasas muchos años con ellos, Dios lo quiera, puede que venzas tus olvidos, dudas y rechazos. Pero aún si lo logras, tendrás la contradicción oculta de yo y Él.

En ese momento me sentí perdido, me entraron ganas de llorar, quise ahogarme en este mar de penas pues me sentí tan lejos de todo lo Real, pero ver el resplandeciente semblante de mi anciano amigo apartó mi abatimiento.

—Oh, estimado —dijo, —prisionero de tu propio ego, abandonado, desterrado, indigente, el cuarto grupo que conocerás, si Dios quiere, es la Gente de la Sumisión Total. Son mudos. No emprenden ninguna acción innecesaria por sí mismos, no existe ningún obstáculo para la voluntad de su Yo supremo, ninguna duda, ningún titubeo, ningún tira y afloja. Han llegado al estado más penetrante de sí mismos y conocen su propia inexistencia. Estos individuos no piden nada para sí mismos pues están identificados con el Poder Creativo como si fueran parte de él. Puedes convivir con ellos incluso imitarlos en sus acciones, pero no alcanzaras su estado mientras estés dividido, en tanto te sientas tú mismo, y aun seas buscador y Buscado, amante y amado. Si tus valoraciones y vivencias aún son fruto de tu mente, de tus propias facultades internas, mientras guardes el más mínimo vestigio de ti mismo en tu interior no habrás alcanzado tu sentido de vida. Comprende que hay un conocimiento y una certeza que se adquieren sólo a través del Espíritu. El Espíritu y la Nada: ese es tu más alto destino.[67]

Los Maestros nos enseñan que a veces una narración es el medio más eficiente para comunicar la complejidad de la verdad, en vez de razonar de modo lógico o causal. Como custodio de la sabiduría, el Camino, al igual que otras religiones y filosofías, utiliza un lenguaje alegórico: historias, metáforas, parábolas y proverbios como una manera de mostrar verdades que son imposibles de describir con un léxico vulgar. Tanto los niños como los adultos son capaces de absorber ideas complejas de manera más rápida y directa a través de una metáfora.

A qué tipo de comprensión hayas llegado después de la lectura de las historias, ejemplos y citas, depende, por supuesto, de la necesidad de cada uno y de la experiencia. Ciertas partes hablarán al nivel de inteligencia y de necesidad dentro de nuestro ser.

Hay un dicho sufí que dice:

¡Oh indigente, incrementa tu necesidad!

Un buscador tiene *necesidad* y es quien lo mueve y estimula. No me refiero solo a aquellos que básicamente buscan recompensas emocionales, teorías con las que excitar la mente, experiencias que lo alejen de la monotonía y el aburrimiento de lo cotidiano, que le ofrezcan la oportunidad de sentirse único y exclusivo o, de encontrar modos de dar salida a la vanidad o a

---

67 Este cuento es una adaptación personal de "La Ciudad de la Separación" del Sheik Kabir Helminski. Presencia Viva. Editorial Sufí

cualquier otra clase de pulsión o conflicto. Todo esto puede estar presente —y de hecho lo está— en casi cualquier buscador, pero lo que lo hace diferente es precisamente esa *necesidad.*

Muchas personas se sienten cómodas y felices como exploradores de superficie y para ellos eso es suficiente. Sienten que avanzan, que son mejores o que saben más cosas que los demás, incluso muchos, después de un tiempo, ejercen de precursores y guías de otros aspirantes novatos. Algunos profundizan y se hacen expertos en determinadas disciplinas que les son valiosas y gratificantes y otros, en cambio, prefieren experimentar y estudiar varias distintas; pero a pesar de ser muchas de estas prácticas y estudios de gran valor y sumamente interesantes, este tipo de buscador sigue buscando.

Tal vez no sepas definir el objeto de tu necesidad, pero sin embargo, sí te das cuenta de lo que no te satisface, sabes que no has sido llenado, constatas que una y otra vez tu insatisfacción sigue presente, activa, a pesar de que ciertas prácticas hayan, momentáneamente, mitigado esa indigencia. Pero tienes hambre y sed reales. Por tanto, solo finalizaras tu rastreo cuando lo Real aparezca. A alguien con hambre no se le sacia solo con las fotos de los platos de un menú. Necesita comer, necesita ingerir alimento. Y así pues, para comenzar a hablar de la Vía o del Camino hay que comprender primero una aparente paradoja. Se dice que hay miles de vías y que todas llegan al mismo lugar, es cierto; se dice que hay solamente una única vía, es cierto también.

Para explicar esto debemos resaltar que en el Camino, el sujeto es siempre el mismo, el ser humano. Un hombre o mujer que está creado de un modo preciso y, en el que sus órganos y funciones son todos iguales. Es decir, tenemos un corazón, un cerebro, unos pulmones, tejidos, sangre, huesos, etc; en tanto que la Obra, se realiza en el hombre y afecta y participa de lo orgánico, el proceso es prácticamente idéntico para todos, con una metodología y unos pasos bien definidos. Por eso podemos afirmar que el Camino es Uno ya que la Verdad es Una.

Tomemos el ejemplo de la respiración. Una persona puede tener unos pulmones con mayor o menor capacidad, respirar más o menos relajadamente, más superficial o más profunda, etc., pero lo cierto es que, básicamente, la respiración es igual en todos los seres humanos y el proceso es el mismo. Contamos con los mismos órganos, participan los mismos elementos, se produce la misma mecánica, etc.; bien podemos decir que la respiración es una, y lo mismo vale para el sistema circulatorio, reproductor, etc.

Valgan estos símiles para explicar que el proceso iniciático, desarrollo espiritual, como comúnmente lo conocemos, es también esencialmente igual para los seres humanos y, sigue una sucesión de etapas que ni se saltan ni se eluden. Del mismo modo que un ser humano no puede saltar de la infancia a la madurez sin pasar previamente por la juventud. De hecho, el camino del buscador sincero sigue cierto paralelismo con el crecimiento orgánico natural de un hombre. Por eso cada etapa tiene su propio aprendizaje y sus características definidas: un niño antes de correr debe aprender a ponerse de pie y dar sus primeros pasos, o una mujer antes de ser madre debe haber tenido su primera ovulación.

Respecto a que hay muchas vías también es cierto. Me refiero a pistas que permiten al sujeto iniciar el viaje a condición de que no conduzcan a un barranco. Si voy a realizar una travesía en coche da igual el tipo o marca de coche que use con tal de que funcione. Unos serán más rápidos, otros más seguros y otros más grandes pero lo importante es que ande, que me permitan llegar a mi destino. Como dijo Buda: "La Verdad es aquello que produce resultados". Y un verdadero Camino produce resultados.

De todos es sabido que en occidente la sola mención del término "Maestro espiritual" suele provocar una reacción de sospecha e incluso un franco rechazo. Sin embargo, si apelamos a la historia o al presente de muchos países de Oriente, no se concibe iniciar una vía espiritual sin la guía de un Maestro vivo o en el seno de una escuela tradicional. No olvidemos que en un pasado no muy lejano la búsqueda de un Maestro del Camino era sencillamente algo incuestionable e indiscutible, tanto en oriente como en occidente, para alguien que aspirase a la realización.

Las razones de este repudio son múltiples y variadas. Es obvio, que en lo que concierne a los creyentes de las llamadas "religiones del libro"[68] este concepto de maestro está proscrito, ya que todas ellas consideran que la Revelación está completa y perfecta –cada uno desde su particular sistema de creencias–, por lo que lógicamente la figura del maestro no tiene sentido al no ser necesaria. Craso error, aunque la desconfianza por otro lado es lógica, ya que hay que tener presente que frecuentemente surgen los autodenominados maestros o mesías que no son más que farsantes que provocan una acumulación de frustraciones y desengaños. Pero también muchas personas que se consideran "buscadores" participan de esta repulsa. Esto se debe en parte a la propagación en los últimos tiempos de determinadas ideas confusas que se propagaron, y aun se difunden, bajo el paraguas de eso que se ha venido a llamar *new age*[69] y, que en realidad no es más que un enorme zoco en el que cabe todo, y que se encuentra habitualmente plagado de una mezcla de conceptos tomados de distintas culturas y religiones. Esa mezcolanza se ha alejado de su contexto y se les ha transformado en ideas sencillas, digeribles y listas para un consumo rápido y sin mucho esfuerzo, pero carentes de su significado original.

Una de estas conjeturas propagadas por la *new age* es aquella que afirma que todos estamos ya iluminados, que somos maestros de nosotros mismos y, que en realidad no debemos hacer gran cosa para lograr resultados positivos, bien sea en la vida diaria, bien sea en la senda espiritual. Obviamente, desde esta perspec-

---

68 Fundamentalmente las monoteístas abrahámicas; Islam, Cristianismo y Judaísmo.
69 Sistema de creencias agregadas —sincretismo— y de prácticas a veces mutuamente contradictorias. Las ideas reformuladas por sus partidarios suelen relacionarse con la exploración espiritual, el misticismo y el mantenimiento de la salud, el vegetarianismo, e higienismo, el chamanismo y corrientes místicas modernas como la antroposofía.

tiva un *maestro espiritual* se convierte en algo innecesario y, en la medida en que esa persona vaya encontrando instructores en las distintas prácticas o estudios que curse, considerará que avanza adecuadamente y se sentirá reconfortado.

"Un hambriento y un saciado no ven lo mismo cuando miran una barra de pan."

Sin embargo, en todo esto hay un problema. La realidad es que no estamos iluminados, pues si lo estuviéramos nos comportaríamos como iluminados, ni somos seres espirituales porque si no nos comportaríamos como tales, y solo basta leer los diarios o ver las noticias para darse cuenta de que el comportamiento del ser humano está muy alejado de una conducta de orden superior.

Otra cosa muy distinta es que tengamos la potencialidad de la iluminación a la espera de ser despertada y, para eso siempre se ha de contar con alguien que haya hecho el Camino, un guía que haya vuelto para mostrarlo, y que te abra la puerta del Camino y te vincule con el Trabajo, permitiéndote avanzar en él. Esa figura es la del Maestro.

Y tampoco somos maestros de nosotros mismos por el mismo argumento. Como dijo Buda y cite líneas más arriba, "La Verdad es aquello que produce resultados", y nuestros resultados no son precisamente los de un maestro.

También es paradójico observar como a los Maestros ya fallecidos --especialmente si han transcurrido algunos siglos desde su muerte-- se los cita con respeto, admiración e incluso devoción siendo unos referentes espirituales de primer orden. Maestros de la talla de Adi Shankara, Rumi, Attar, Ibn 'Arabi o Eihei Dōgen, por citar solo algunos, han sido y son fuente de inspiración imprescindible para cualquiera que desee percibir el perfume del Camino. Pero me pregunto si hoy, estuviesen vivos, provocarían el mismo respeto o si por el contrario serían también víctimas de la sospecha general más allá de su reducido grupo de discípulos. Personalmente me inclino ante esta segunda opción.

Como hemos visto el marco actual no es el más propicio para la figura del maestro: desconfianza, sospecha, ignorancia sobre su función, idea de que su presencia y guía nos son necesarias... Sin embargo ocurre que para iniciarte en el Camino, para que se te muestre la puerta, cruzar el umbral y transitar por él, la guía de un maestro es imprescindible.

Ocurre, y hay que tenerlo en cuenta para quien quiera hollar el Camino, que la presencia de un maestro vivo es, por su propia naturaleza, desestabilizante. En primer lugar porque no suelen responder a los estereotipos e imágenes idealizadas que comúnmente se tienen respecto a un Maestro. En segundo lugar porque su compañía, siempre difícil, te remite siempre a ti mismo de un modo descarnado. Y en tercer lugar, porque te ubica ante la cuestión de diferenciar su naturaleza humana, con toda su carga de contradicciones, de la de su función de maestro y guía, cuestión esta ante la que el aspirante a discípulo ha de poner en juego, como mínimo, tanto su sinceridad como su libertad, puesto que la exigencia final es la impecabilidad y solo en el intento de ese logro, la relación con la figura del maestro puede empezar a ser correcta. Ello se debe a que un maestro vivo lo comporta todo y justo ese "todo" es lo que cuesta asumir.

Y por último, un verdadero maestro te hará ver que en realidad no sabes nada y esto, para muchas personas, es especialmente duro. Hay que considerar que los buscadores suelen pasar una buena parte de sus vidas precisamente acaparando, tanto un buen número de experiencias en distintas prácticas, como de información filosófica, psicológica, esotérica, etcétera, por lo que, según su nivel de autocomplacencia, orgullo o de importancia personal, antes o después sacan la conclusión de que ya saben cosas y de que ya han llegado a algún sitio.

Creer que hemos llegado, ese es el problema, creer que hemos llegado. Repito, no es fácil darse cuenta de que no sabes nada y, de que ni siquiera te has movido de donde estabas. Por este motivo es curioso ver como muchos individuos se acercan a un maestro, pero únicamente para que este les confirme lo mucho que saben y que les verifique que están "avanzados", y de este modo poder seguir con su farsa, evitando así el potente impacto y el compromiso del encuentro. Y por esta razón siempre ha sido mucho más sencillo buscar que encontrar.

¿Y cómo se reconoce un Maestro?

La respuesta es que tú no lo reconoces, él te reconoce a ti. Tú no lo eliges como Maestro, él te elige a ti. Y además no puedes hacerlo, pues en la medida en que tú más intentes reconocerlo según las pautas mentales que cada uno tenga de su "retrato ideal de maestro", él más evitará que lo hagas salvo que explícitamente te lo permita. Todo sería más fácil si lucieran túnicas blancas o si con perenne sonrisa bondadosa dijeran siempre lo que cada uno quiere oír, o, dieran bien intencionados, cálidos y hermosos mensajes de fraternidad universal, o, si hicieran milagros y prodigios extraordinarios, o, nos prometieran que nosotros podremos hacerlo, o, si se comportaran como suponemos, y esperamos, que deben comportarse los Maestros. Sin embargo, no se comportan como esperamos y además no se prodigan en darle palmaditas en la espalda al ego de los discípulos. Incluso muchos esconden su condición de tales o se muestran, de modo voluntario, con conductas muy alejadas de las que se supone a un Maestro. Sin embargo, es inútil y estéril juzgarlos o intentar comprender su conducta. Cuando lo hacemos es siempre desde los condicionamientos, lo cultural, la mente fragmentada y egótica. Obviamente no se puede: ellos se mueven desde lo Real.

¿Y qué hace entonces un Maestro para ser Maestro?

Pues dicho de un modo simple, guiarte en el Camino. Y puede hacerlo porque él lo ha hecho ya antes y lo ha recorrido. Pero la noticia es que su guía es sencillamente imprescindible. Al principio no lo sabes, pero más tarde lo descubres. Es como un náufrago perdido de noche en medio del mar: no sabe adónde ir ni cómo. Lo normal es que nade sin rumbo y se agote, luego se desespere y al final muera ahogado. Sin embargo, si apareciese alguien con una barca, una lámpara y que además supiera llegar hasta la orilla, el náufrago lloraría de agradecimiento y bendeciría su presencia. Ese es el maestro, tiene la barca de la enseñanza, posee la luz del conocimiento, y además, sabe bien adónde ir pues él ya ha estado.

Ten en cuenta siempre esta gran diferencia, y es que un profesor es el que te enseña, pero un maestro es del que aprendes.

Ignoro si volverá alguna vez el tiempo en el que "encontrar" a un Maestro verdadero era para muchos una tarea de vida a la que se dedicaban su tiempo y esfuerzo.

Pero... en definitiva... ¿Dónde está la Puerta del Camino que nos lleve a conocer la Verdad? ¿Cómo encontrarla?

La Puerta

VII.
LA PUERTA

"Te puedo mostrar la puerta,
pero tú debes cruzarla"
"No es lo mismo conocer
el camino que andar el camino"
MORFEO A NEO (MATRIX)

l ingreso en el Circulo Interno, viene dado en función al proceso evolutivo, donde sólo los mejores individuos de la especie sobreviven, o, mejor dicho, sólo penetran ciertas variedades dentro de la especie que reúnen los requisitos exigidos. Esto viene a significar, que no es suficiente con querer acceder, a la élite interior, sino que para poder cruzar el umbral se requiere una actitud y determinadas aptitudes, como ya expliqué anteriormente. Se trata pues de un aprendizaje o predisposición previa a aprender como se aprende en el interior del círculo, pues en nada se parece este aprendizaje iniciático al común conocido y utilizado por la sociedad del círculo externo en escuelas y universidades.

Se trata de abandonar las viejas pautas del pensamiento restrictivo y abrirse a modelos mentales de otra dimensión que en ocasiones pudieran parecer ilógicos o absurdos para una mente vulgar. Así, las primeras lecciones se centran en "pulir el espejo del corazón", quitar los velos que lo cubren y que son el fundamento del ego, de la imagen del sí mismo social. Barreras que las forman los vicios y pasiones "cualidades culpables" que básicamente son: el deseo irracional, la separación o egocentrismo, hipocresía, avidez de alabanzas y amor, ilusiones, avaricia y parsimonia, codicia, irresponsabilidad, acedía, y, negligencia[70].

Y el bruñido es prácticamente imposible realizarlo por cuenta propia, normalmente se requiere de un grupo con iguales intereses que acompañe. Como dijo el Profeta Muhammad: "El creyente es el espejo del creyente." También es necesaria la presencia de un Maestro, como expliqué en el capitulo anterior; él será quien nos dirija el trabajo y facilitará las técnicas que harán el milagro. Será condición *sine quanon* estar dispuesto a renunciar, o más bien, a integrar el *"estar en el mundo si ser del él"*. Posiblemente esta última sea la barrera más difícil de sortear para aquellos de la periferia que quieren adentrarse en el *conocimiento oculto*, ya que como ya he indicado, éste sigue sus propios principios, lenguaje, claves y reglas que muy poco tienen que ver con los del "mundo".

> "Tal es el terror del Camino del Espíritu, que nadie debería embarcarse en este viaje a menos que sea capaz de vadear dos mil cataratas rugientes y escalar dos mil montañas que vomitan fuego. Un hombre que no esté preparado para semejantes pruebas terribles debería abstenerse de llamarse a sí mismo Buscador".

---

70 Los Sufis, Idries Shah, Luís Caralt 1984, págs. 265-266

Si estás interesado en estos temas, puedes ponerte en contacto con nosotros escribiendo al correo electrónico:

pueblodelsecreto@gmail.com

BIBLIOGRAFÍA RECOMENDADA

Presencia Viva, Sheik Kabir H., Editorial Sufi,
ISBN 9788487354700.
Los Maestros de Gurdjieff, Rafael Lefort, Editorial Sufi,
ISBN 9788487354526.
El buscador de la verdad, Idries Shah, Editorial Kairos,
ISBN 9788472451858.
La senda del buscador, Omar Ali Shah, Editorial Sufi,
ISBN 9788487354878
Aprender a aprender, Idries Shah, Editorial Paidos,
ISBN 9788475094618.
Cuentos de los derviches, Idries Shah, Editorial Paidos,
ISBN 9788475090788.
Dos monedas de oro, Omar Ali Shah, Editorial Sufi,
ISBN 9788494208201.
El Gulistan (El jardín de las rosas), Saadi, Jose Olañeta Editor,
ISBN 9788497163316.
El jardín amurallado de la verdad, Hakim Sanai, Editorial Sufi,
ISBN 9788487354892.

Otros libros del Autor en esta Editorial

La Evolución Consciente, PNLbook&Vía Directa
ISBN 9788493849948.

- Estructura Neurolingüística de las Emociones
ISBN9788493849948
- El poder de las Metáforas
ISBN9788493688257
- PNL para Principiantes
ISBN9788493688202
- Terapia con PNL
ISBN9788493688219
- HUNA Chamanismo Esencial
ISBN9788493787554
- Espiritualidad, Trascendencia y Chamanismo
ISBN9788493688271
- Cuentos de Sabiduría para Almas Inquietas
ISBN9788493688288
- Cuentos Terapéuticos
ISBN9788493849955

Otros libros del Autor

En Obelisco:

- Curso de Practitioner en Programación
Neurolingüística
- Curso de Máster en PNL.
- Autoestima y desarrollo personal con PNL.
- Seducir y cautivar con PNL.
- La magias de la PNL.

Visítanos en www.edicionesvia.com

OTROS TÍTULOS DE NUESTRA EDITORIAL

No Dualidad - Advaita

*** Shankara y el Vedanta ***
P. Martín Dubost
*** Comentarios al Tattvabhodda de Shankara ***
Sri Ramakrishnan Samiji "Dravidacharya"
*** Comentarios al Sadhana Panchakam de Shankara ***
Sri Ramakrishnan Samiji "Dravidacharya"
*** Comentario al Upadesa Sara de Sri Ramana Maharsi***
Sri Ramakrishnan Samiji "Dravidacharya"
*** Discursos Espirituales de AtmanandaKrishna Menon***
Nitya Tripta
*** Sea Usted lo que Es ***
Jean Klein
*** El Único Deseo ***
Eric Baret
*** Una Sola Esencia ***
"Sailor" Bob Adamson *****
***Tú Eres Él ***
Andrew Vernon

PNL Books

*** PNL para principiantes ***
Salvador A. Carrión
*** Huna. Chamanismo esencial ***
Salvador A. Carrión
*** Terapia con PNL ***
Salvador A. Carrión
*** Espiritualidad. Trascendencia y Chamanismo ***
Salvador A. Carrión
***La Evolución Consciente ***
Salvador A. Carrión
***La sabiduría del Chamán ***
Tony Samara

TRADICIÓN

*** Sobre la Iniciación ***
M. Victoria Espín
*** Estudios sobre el Hinduismo ***
René Guénon
*** Esoterismo Cristiano I y II ***
René Guénon
*** Metafísica del Número ***
René Guénon
*** Formas Tradicionales y Ciclos Cósmicos ***
René Guénon
*** Conócete a ti mismo (Melanges) ***
René Guénon
*** Estudios sobre el Hinduismo ***
René Guénon

NOVEDADES

*** Manual de la Aspirante a Bruja ***
Selene
*** Oriente al Rescate ***
Arthur Edevane
*** Cuentos de Sabiduría para almas inquietas ***
Salvador A. Carrión
*** Puerto de Hierro ***
Jaime Goig Torres
*** La experiencia Chamánica ***
Salvador A Carrión
*** I Ching para Artistas y Creativ@s ***
M. A. Pavón

Y muchas más obras de tu interés en

www.edicionesvia.com

9 788412 289312